高职高专土木与建筑规划教材

U0203039

BIM 技术概论

李 益 常 莉 主编

清華大学出版社
北 京

内容简介

建筑信息模型(Building Information Modeling,BIM)是在计算机辅助设计(CAD)等技术基础上发展起来的多维模型信息集成技术,是对建筑工程物理特征和功能特性信息的数字化承载和可视化表达。

本书在编写过程中,力求重点突出、语言精练,注重理论联系实际,同时配有大量图片及案例。为了便于教学和学习,每章均设有教学目标、教学要求以及案例导入和问题导入,注重培养和提高学生的应用能力。

本书内容共 7 章,包括 BIM 工程师素质要求及职业发展、BIM 基础知识、BIM 建模环境及应用软件、BIM 标准与模型创建、项目 BIM 实施与应用、BIM 协同设计与可视化、BIM 价值分析。

本书可作为高职高专土木工程、建筑工程技术、工程管理、工程监理等相关专业的教学用书,也可作为中专、函授及土建类、工管类、安装类等工程技术人员的参考用书以及辅导教材。

图书在版编目(CIP)数据

BIM 技术概论/李益,常莉主编. —北京:清华大学出版社,2019.12(2021.12重印)
高职高专土木与建筑规划教材
ISBN 978-7-302-53854-7

Ⅰ. ①B… Ⅱ. ①李… ②常… Ⅲ. ①建筑设计—计算机辅助设计—应用软件—高等职业教育—教材 Ⅳ. ①TU201.4

中国版本图书馆 CIP 数据核字(2019)第 213992 号

责任编辑:石　伟　桑任松
装帧设计:刘孝琼
责任校对:张彦彬
责任印制:沈　露
出版发行:清华大学出版社
　　　　网　　　址:http://www.tup.com.cn,http://www.wqbook.com
　　　　地　　　址:北京清华大学学研大厦 A 座　　邮　　编:100084
　　　　社 总 机:010-62770175　　　　　　邮　　购:010-62786544
　　　　投稿与读者服务:010-62776969,c-service@tup.tsinghua.edu.cn
　　　　质量反馈:010-62772015,zhiliang@tup.tsinghua.edu.cn
　　　　课件下载:http://www.tup.com.cn,010-62791865
印 装 者:三河市金元印装有限公司
经　　销:全国新华书店
开　　本:185mm×260mm　　印　　张:13.25　　字　　数:319 千字
版　　次:2019 年 12 月第 1 版　　印　　次:2021 年 12 月第 3 次印刷
定　　价:39.00 元

产品编号:083369-01

前　言

教案及试卷答案
获取方式.pdf

当前，我国的建筑业面临着转型升级，BIM 技术将会在这场变革中起到关键作用，也必定成为建筑领域实现技术创新、转型升级的突破口。围绕住房和城乡建设部关于《推进建筑信息模型应用指导意见》，在建设工程项目规划设计、施工项目管理、绿色建筑等方面，更是把推动建筑信息化建设作为行业发展的总目标之一。国内各省市行业主管部门已相继出台关于推进 BIM 技术推广应用的指导意见，标志着我国工程项目建设、绿色节能环保、集成住宅、3D 打印房屋、建筑工业化生产等已全面进入信息化时代。

BIM 应用于工程项目规划、勘察、设计、施工、运营维护等各阶段，实现建筑全生命周期各参与方在同一多维建筑信息模型基础上的数据共享，为产业链贯通、工业化建造和繁荣建筑创作提供技术保障；支持对工程环境、能耗、经济、质量、安全等方面的分析、检查和模拟，为项目全过程的方案优化和科学决策提供依据；支持各专业协同工作、项目的虚拟建造和精细化管理，为建筑业的提质增效、节能环保创造条件。

本书除了必备的电子课件、教案、每章习题答案及模拟测试 AB 试卷外，还配套有大量的讲解音频、动画视频、三维模拟、扩展图片等以扫描二维码的形式再次拓展 BIM 技术概论的相关知识点，力求让初学者最大化地接受新知识，最快、最高效地达到学习目的。

本书由重庆房地产职业学院李益任第一主编，由开封大学常莉任第二主编，参与编写的还有河南鲁班装饰安装工程有限公司的王广庆，河南城建学院工程管理 BIM 技术研究中心主任殷许鹏，河南城建学院土木与交通工程学院的倪红梅，中水北方勘测设计研究有限责任公司的张鑫，黄河科技学院的郭华伟。其中李益负责编写第 1 章、第 4 章，并对全书进行统筹，常莉负责编写第 2 章，殷许鹏负责编写第 3 章，倪红梅负责编写第 5 章，王文庆与张鑫合编第 6 章，郭华伟负责编写第 7 章，在此对本书的全体编创人员表示衷心的感谢！

本书在编写过程中得到了多位同行的支持与帮助，在此一并表示感谢。由于编者水平有限，时间仓促，书中难免有错误和不妥之处，望广大读者批评指正。

编　者

目　　录

第 1 章　BIM 工程师素质要求及
职业发展 1
1.1　BIM 工程师的定义 2
1.1.1　BIM 工程师的职业定义及
职业目标 2
1.1.2　BIM 工程师的岗位分类 2
1.2　BIM 的应用 3
1.2.1　BIM 与前期策划阶段 3
1.2.2　BIM 与设计 4
1.2.3　BIM 与施工 5
1.2.4　BIM 与造价 6
1.2.5　BIM 与运维 11
1.3　BIM 市场需求预测 13
1.3.1　BIM 发展的必要性 13
1.3.2　当前 BIM 市场现状 13
1.3.3　未来 BIM 市场预测 14
本章小结 15
实训练习 15

第 2 章　BIM 基础知识 19
2.1　BIM 技术概述 20
2.1.1　BIM 的由来 20
2.1.2　BIM 技术概念 22
2.1.3　BIM 的优势 23
2.1.4　BIM 常用术语 24
2.2　BIM 的发展历史与应用现状 27
2.2.1　BIM 技术的发展沿革 27
2.2.2　BIM 在国外的发展状况 28
2.2.3　BIM 在国内的发展状况 31
2.2.4　BIM 的未来展望 33
2.3　BIM 的特性 35
2.3.1　可视化 35
2.3.2　协调性 35
2.3.3　模拟性 36

2.3.4　优化性 36
2.3.5　可出图性 37
2.4　BIM 与信息模型 37
2.4.1　BIM 信息的特征 37
2.4.2　BIM 项目全生命周期信息 38
2.4.3　信息的传递与作用方式 41
2.4.4　模型构件属性 44
2.5　BIM 的作用与价值 44
2.5.1　BIM 在勘查设计阶段的
作用与价值 44
2.5.2　BIM 在施工阶段的作用与
价值 45
2.5.3　BIM 在运营维护阶段的
作用与价值 46
2.5.4　BIM 技术给工程建设带来的
变化 47
本章小结 50
实训练习 50

第 3 章　BIM 建模环境及应用软件 53
3.1　BIM 应用软件基础知识 54
3.1.1　BIM 应用软件的发展与形成 ... 54
3.1.2　BIM 应用软件的分类 54
3.2　BIM 建模软件及建模环境 61
3.2.1　BIM 基础软件的特征 61
3.2.2　BIM 建模软件、
硬件环境配置 62
3.2.3　参数化设计 63
3.2.4　BIM 模型建模流程 66
3.2.5　BIM 建模软件功能 69
3.3　常见 BIM 软件 70
3.3.1　BIM 核心建模软件 70
3.3.2　BIM 方案设计软件 74
3.3.3　和 BIM 接口的几何造型
软件 75

3.3.4 BIM 可持续(绿色)分析软件 76

3.3.5 BIM 机电分析软件 77

3.3.6 BIM 结构分析软件 77

3.3.7 BIM 可视化软件 78

3.3.8 二维绘图软件 81

3.3.9 BIM 发布和审核软件 84

3.3.10 BIM 深化设计软件 84

3.3.11 BIM 造价管理软件 85

3.3.12 协同平台软件 87

3.3.13 BIM 运营管理软件 88

3.4 国内其他流行 BIM 软件介绍........... 90

本章小结 93

实训练习 93

第 4 章 BIM 标准与模型创建 97

4.1 概述 98

4.2 BIM 标准 99

4.2.1 NBIMS 99

4.2.2 IFC 100

4.2.3 IDM 103

4.2.4 IFD 104

4.2.5 我国相关标准 107

4.3 BIM 模型创建 108

4.3.1 参数化建模 108

4.3.2 BIM 建模流程 109

4.3.3 基本注意事项 111

本章小结 113

实训练习 113

第 5 章 项目 BIM 实施与应用 119

5.1 项目 BIM 实施与应用概况 120

5.2 项目决策阶段 121

5.2.1 项目 BIM 实施目标的制定
过程及分类 121

5.2.2 项目 BIM 技术路线的制定 122

5.2.3 项目 BIM 实施保障措施 124

5.2.4 BIM 实施规划内容及过程 127

5.3 项目实施阶段 128

5.3.1 BIM 实施模式及相应特征 128

5.3.2 BIM 组织架构及 BIM 团队
组建原则 131

5.3.3 项目实施技术资源配置
要求 132

5.3.4 软件培训的对象及方式 134

5.3.5 数据准备对整个工程项目的
意义 136

5.3.6 项目试运行过程及意义 137

5.3.7 项目应用分类 137

5.4 项目总结与评价阶段 138

5.4.1 项目总结内容 138

5.4.2 项目评价内容 140

5.5 项目各阶段的 BIM 应用 141

5.5.1 方案策划阶段的 BIM 应用 141

5.5.2 设计阶段的 BIM 应用 141

5.5.3 施工阶段的 BIM 应用 142

5.5.4 竣工交付阶段的 BIM 应用 143

5.5.5 运维阶段 BIM 应用的优势及
具体内容 143

本章小结 146

实训练习 147

第 6 章 BIM 协同设计与可视化 151

6.1 概述 152

6.2 BIM 信息集成与交换 153

6.2.1 BIM 信息集成 153

6.2.2 BIM 信息交换 160

6.3 BIM 协同设计 161

6.3.1 协同设计内涵 162

6.3.2 BIM 促进协同设计 164

6.4 BIM 可视化 165

6.4.1 虚拟现实技术 165

6.4.2 可视化技术 169

6.4.3 BIM 可视化应用 173

本章小结 175

实训练习 175

第 7 章 BIM 价值分析 179

7.1 BIM 价值介绍 180

7.2 BIM 对业主的价值 182
   7.2.1 应用价值分析 182
   7.2.2 应用难度分析 184
7.3 BIM 对设计单位的价值 185
   7.3.1 应用价值分析 185
   7.3.2 应用难度分析 186
7.4 BIM 对施工企业的价值 187
   7.4.1 应用价值分析 187

   7.4.2 应用难度分析 190
7.5 BIM 的未来 192
   7.5.1 驱动力与推广障碍 192
   7.5.2 精益建设与提高就业技能 197
本章小结 198
实训练习 198

参考文献 202

BIM 技术概论--A 卷.pdf   BIM 技术概论--B 卷.pdf

第 1 章　BIM 工程师素质要求及职业发展

【教学目标】

- 了解 BIM 工程师定义。
- 掌握 BIM 的应用。
- 了解 BIM 市场需求预测。

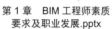

第 1 章　BIM 工程师素质　　BIM 工程师素质要求
要求及职业发展.pptx　　及职业发展.mp4

【教学要求】

本章要点	掌握层次	相关知识点
BIM 工程师定义	1. 了解 BIM 工程师的职业定义及职业目标 2. 了解 BIM 工程师的岗位分类	BIM 工程师
BIM 的应用	1. 熟悉 BIM 与前期策划阶段 2. 掌握 BIM 与设计 3. 掌握 BIM 与施工 4. 掌握 BIM 与造价 5. 熟悉 BIM 与运维	BIM 的作用
BIM 市场需求预测	1. 了解 BIM 发展的必要性 2. 了解当前 BIM 市场现状 3. 了解未来 BIM 市场预测	BIM 市场需求预测

【案例导入】

　　很多人都说 BIM 工程师就是翻模民工，这种说法并不准确。翻模只是 BIM 工程师最基础的工作，也是必需的工作。BIM 工程师的工作还包括 BIM 应用咨询、BIM 管理、BIM 信息化业务、BIM 技术应用以及参与制定 BIM 行业标准和各信息交付标准等。此外，BIM 工程师至少要掌握一种 BIM 软件，如 REVIT。

【问题导入】

试结合本章内容分析 BIM 工程的基本含义及应掌握的软件及技能。

1.1 BIM 工程师的定义

1.1.1 BIM 工程师的职业定义及职业目标

建筑信息模型涵盖几何学、空间关系、地理资讯、各种建筑元件的性质及数量(例如供应商的详细资讯)。建筑信息模型可以用来展示整个建筑生命周期,包括兴建过程及营运过程。

施工文件包括图纸、采购细节、环境状况、文件提交程序和其他与建筑物品质规格相关的文件。可以为设计、承造、建筑物业主/经营者建立沟通的桥梁,并提供处理工程项目所需要的即时相关资讯。

建筑信息模型是一种应用于工程设计建造管理的数据化工具。从事 BIM 相关工程技术及其管理的人员,称为 BIM 工程师。

BIM 工程师通过参数模型整合各个项目的相关信息,在项目策划、运行和维护的全生命周期过程中进行共享和传递,为设计团队以及包括建筑运营单位在内的各方建设主体提供协同工作的基础,使 BIM 技术在提高生产效率、节约成本和缩短工期方面发挥重要作用。

1.1.2 BIM 工程师的岗位分类

1. 根据应用领域

(1) BIM 标准管理类:BIM 基础理论研究人员、BIM 标准研究人员。

(2) BIM 工具研发类:BIM 产品设计人员、BIM 软件开发人员。

(3) BIM 工程应用类:BIM 模型生产工程师、BIM 专业分析工程师、BIM 信息应用工程师、BIM 系统管理工程师、BIM 数据维护工程师。

(4) BIM 教育类:高校教师、培训讲师。

2．根据职务级别

BIM 操作人员、BIM 技术主管、BIM 项目经理、BIM 战略总监。

1.2　BIM 的应用

1.2.1　BIM 与前期策划阶段

项目前期策划阶段对整个建筑工程项目的影响是很大的。前期策划做得好，随后进行的设计、施工就会顺利；反之亦然，所以在项目前期应利用 BIM 技术，让项目所有利益相关者共同参与前期策划，及早发现问题并做好协调，以保证项目的设计、施工和交付能顺利进行，避免浪费时间和延误工程。

BIM 技术应用在项目前期的工作包括现状建模与模型维护、场地分析、成本估算、阶段规划、规划编制、建筑策划等。

现状建模包括根据现有的资料把现状图纸导入到基于 BIM 技术的软件中，创建出场地现状模型，包括道路、建筑物、河流、绿化以及工程的变化起伏，根据规划条件创建出本地块的用地红线及道路红线，并生成面积指标。

在现状模型的基础上根据容积率、绿化率、建筑密度等建筑控制条件创建工程建筑体块的各种方案和体量模型。做好总图规划、道路交通规划、绿地景观规划、竖向规划以及管线综合规划。然后在现状模型上进行概念设计，建立起建筑物初步的 BIM 模型。

接着根据项目的经纬度，借助相关软件采集此地的气候数据，并进行分析评估，包括日照环境影响、风环境影响、热环境影响、声环境影响等的评估。对某些项目，还需进行交通影响模拟。

投资估算是项目前期策划阶段不可忽略的一项工作。BIM 技术拥有强大的信息统计功能，可以获取较为准确的土建工程量，既可以直接计算本项目的土建造价，大大提高估算的准确性，同时还可提供对方案进行补充和修改后所产生的成本变化，权衡不同方案的造价优劣，为项目决策提供准确的依据，由于项目修改引起的预算超支。

最后是阶段性实施规划和设计任务书编制。设计任务书应当体现出应用 BIM 技术的设计成果，如 BIM 模型、漫游动画、管线碰撞报告、工程量及经济技术指标统计表等。

1.2.2 BIM 与设计

BIM 最早应用于建筑设计阶段，后来扩展到建筑工程的其他阶段。

BIM 应用于设计方案论证、设计创作、协同设计、建筑性能分析、结构分析，以及绿色建筑评估、规范验证、工程量统计等许多个领域。

由于 BIM 的应用，传统的 2D 设计模式已被 3D 模型所取代，3D 模型所展示的设计效果十分方便评审人员、业主和用户对方案进行评估，由于是用可视化方式进行，可获得来自最终用户和业主的积极反馈，可大大减少决策时间，促成共识。

以 3D 墙体、门、窗、楼梯等建筑构件作为构成 BIM 模型的基本图形元素。全面采用可视化的参数化设计方式。各种 2D 图纸都可以根据模型生成 3D 效果图、3D 动画。由于生成的各种图纸都来源于同一个建筑模型，因此图纸和图表都实时相互关联，做出的任何更改都可以马上在其他视图上反映出来。

例如，应用 BIM 技术可以检查建筑、结构、设备与平面图布置是否有冲突，楼层高度是否适宜；楼梯布置与其他设计布置是否协调；建筑物空调、给排水等各种管道布置与梁柱位置是否有冲突和碰撞，所留的空间高度、宽度是否恰当……避免了使用 2D 的 CAD 软件在进行设计时容易出现的不同视图、不同专业设计图不一致的现象。

此外，BIM 模型中包含各种建筑构件的详细信息和数据，可以为建筑性能分析(节能分析、采光分析、日照分析、通风分析……)提供条件，这就为绿色建筑、低碳建筑设计竣工后进行的绿色建筑评估提供了便利。同时各种基于 BIM 的软件提供了良好的交换数据功能，只要将模型中的数据输入到相关分析软件中，很快就能得到分析结果，为设计方案的最后确定提供了保障。

BIM 模型中信息的完备性也大大简化了设计阶段对工程量的统计工作。模型中每个构件都与 BIM 模型数据库中的成本项目相关，当设计师在 BIM 模型中对构件进行变更时，成本估算会实时更新。

整个设计流程有别于传统的 CAD 设计图，使建筑师能够把主要精力放在建筑设计的核心工作——设计构思和相关分析上。只要完成了设计构思，确定了 BIM 模型的最后构成，马上就可以根据模型生成各种施工图，如图 1-1 所示。

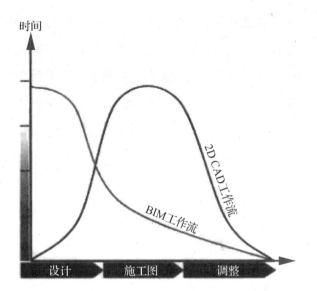

图 1-1　2D CAD 工作流与 BIM 工作流对比示意图

通过计算软件从 BIM 模型中快速、准确地提取数据，很快就能得到准确的工程量计算结果，大大提高了工作效率。

1.2.3　BIM 与施工

房地产是我国的支柱产业，其迅速发展为房地产企业带来了丰厚利润。国务院发展研究中心在 2012 年出版的《中国住房市场发展趋势与政策研究》中专门论述了房地产行业利润率偏高的问题。据统计，2003 年前后，我国房地产行业的毛利润率大致在 20%，但随着房价的不断上涨，2007 年之后年均达到 30%左右，超出工业整体水平约 10 个百分点。

对照房地产业的高额利润，建筑业产值利润低得可怜。据统计，2011 年建筑业产值利润率仅为 3.6%。究其原因是多方面的，但其中的一个重要原因，就是建筑业的企业管理落后，生产方式陈旧，导致错误、浪费不断，返工、延误常见，劳动生产率低下。

在施工阶段，设计上的任何改变都会带来成本的增加。如果不在施工前，把设计存在的问题找出来，就需要付出高昂的代价。如果没有科学、合理的施工计划和施工组织安排，就需要为造成的窝工、延误、浪费付出额外的费用。

而应用 BIM 技术对建筑施工带来了极为重要和深刻的影响，BIM 技术可应用于 3D 协调 / 管线综合、支持深化设计、场地使用规划、施工系统设计、施工进度模拟、施工组织模拟、数字化建造、施工质量与进度监控、物料跟踪等。

首先，BIM 技术可解决一直困扰施工企业的大问题——各种碰撞。在施工开始前，利

用 BIM 模型的 3D 可视化特性对各个专业(建筑、结构、给排水、机电、消防、电梯等)的设计进行空间协调，检查各个专业管道之间的碰撞以及管道与房屋结构中的梁、柱的碰撞。如发现碰撞则及时调整，可避免施工中管道发生碰撞和拆除重新安装的问题。上海市的虹桥枢纽工程，由于没有应用 BIM 技术，仅管线碰撞一项损失就高达 5000 多万元。

其次，施工企业可以在 BIM 模型上对施工计划和施工方案进行分析模拟，充分利用空间和资源，消除冲突，得到最优施工计划和方案。特别是在复杂区域应用 BIM 模型，可使效果更加直观。

通过应用 BIM 模型对新形式、新结构、新工艺和复杂节点等施工难点进行分析模拟，可使原本在施工现场才能发现的问题尽早在设计阶段就得到解决，降低了成本、缩短了工期、减少了浪费。

应用 BIM 技术还可对施工进行科学管理。

通过 BIM 技术与 3D 激光扫描、视频、照相、GPS、移动通信、RFID、互联网等技术的集成，可以对现场的构件、设备以及施工进度和质量实现实时跟踪。

通过 BIM 技术和管理信息系统的集成，可以有效支持造价、采购、库存、财务等动态管理和精确管理，减少库存开支，并在竣工时生成项目模型和相关文档，有利于后续的运营管理。

1.2.4 BIM 与造价

BIM 在工程造价管理
中的价值.mp3

"工程造价"是工程建设项目管理的核心指标之一，工程造价管理依托于两个基本工作：工程量统计和工程计价。BIM 技术的成熟推动了工程软件的发展，尤其是工程造价相关软件的发展。传统的工程造价软件是静态的、二维的，处理的只是预算和结算部分，没有工程造价过程管控。BIM 技术的引入改变了工程造价软件。第一是从 2D 工程量计算进入 3D 模型工程量计算阶段，完成了工程量统计的 BIM 化；第二是逐渐由 BIM4D(3D＋时间／进度)建造模型发展到了 BIM5D(3D+成本+进度)全过程造价管理，实现了工程建设全过程造价管理 BIM 化。

使用 BIM 技术对工程造价进行管理，要将三维模型、施工进度、成本造价三个部分集于一体，形成 BIM5D 模型，这样才能实现成本费用的实时模拟和核算，也才能为后续施工阶段的组织、协调、监督等工作提供有效信息。项目管理人员通过 BIM5D 模型在正式开始施工之前就可以确定不同时间节点的施工进度与施工成本，直观地按月、按周、按日观看到项目的具体实施情况，即形象进度，并得到各时间节点的造价数据，避免设计与造价控制脱节、设计与施工脱节、变更频繁等问题，使造价管理与控制更加有效。BIM 在工程造价管理中的应用价值主要包括以下几点。

1. 提高工程量计算准确性

对施工项目而言，精确地计算工程量是工程预算、变更签证控制和工程结算的基础。造价工程师因缺乏充分的时间来精确计算工程量而导致预算超支和结算不清的事情屡见不鲜。造价工程师在进行成本和费用计算时，可以手工计算工程量，或者将图纸导入工程量计算软件中计算，但不管哪一种方式都需要耗费大量的时间和精力。有关研究表明，工程量计算在整个造价计算过程中会占到 50%～80%的时间。工程量计算软件虽在一定程度上减轻了工作强度，但在计算过程中同样需要将图纸重新输入工程量计算软件，这种工作常常造成人为误差。

BIM 是一个包含丰富数据，且面向对象的具有智能化和参数化特点的建筑设施的数字化表示，BIM 中的构件信息是可运算的信息。借助这些信息，计算机可以自动识别模型中的不同构件，根据模型内嵌的几何、物理和空间信息，结合实体扣减计算技术，对各种构件的数量进行统计。以墙体的计算为例，计算机可以自动识别软件中墙体的属性，根据模型中有关该墙体的类型和组分信息统计出该段墙体的数量，并对相同的构件进行自动归类。

因此，当需要制作墙体明细表或计算墙体数量时，计算机会自动对它们进行统计，构件所需材料的名称、数量和尺寸，都可以在模型中直接生成，而且这些信息将始终与设计保持一致。BIM 的自动化工程量计算为造价工程师带来的价值主要包括以下几个方面。

(1) 基于 BIM 的自动化工程量计算方法提高了工作效率，将造价工程师从烦琐的劳动中解放出来，从而可以有更多的时间和精力进行更有价值的工作，如造价分析等。同时，可以及时将设计方案的成本反馈给设计师，便于在设计的前期阶段对成本进行控制。

(2) 基于 BIM 的自动化工程量计算方法比传统的计算方法更准确。工程量计算是编制工程预算的基础，但计算过程非常烦琐，容易造成计算错误，进而影响后续计算的准确性。自动化算量功能可以使工程量计算工作摆脱人为因素影响，得到更加客观准确的数据。

2. 更好地控制设计变更

在传统的工程造价管理中，一旦发生设计变更，造价工程师需要手动检查设计图纸，在设计图纸中确定关于设计变更的内容和位置，并进行设计变更所引起的工程量的增减计算。这样的过程不仅缓慢、耗时长，且可靠性不强。同时，对变更图纸、变更内容等数据

的维护工作量也很大。

利用 BIM 技术，造价信息与三维模型数据就可以同步关联，当发生设计变更，或修改模型时，BIM 系统将自动检测哪些内容发生了变更，并直观地显示变更结果，并统计变更工程量，将结果反馈给施工人员，使他们能清楚地了解设计图纸的变化对造价的影响。例如，要求缩小窗户尺寸，该变更将自动反映到所有相关的材料明细表中，同时造价工程师使用的所有材料需用数量和尺寸会随之变化。而设计变更所产生的数据将自动记录在模型中，并与相关联的模型绑定在一起，这样便可以随时查询变更的完整信息。

3. 提高项目策划的准确性和可行性

所谓施工项目策划，是指根据建设业主总的目标要求，从不同的角度出发，通过对建设项目进行系统分析，对施工建设活动的全过程作预先的考虑和设想，以便在施工活动的时间、空间、结构三维关系中选择最佳的结合点重组资源和展开项目运作，为保证项目在完成后获得满意可靠的经济效益、环境效益和社会效益而提供科学的依据。单个施工项目规模和体量呈现逐步扩大趋势，带来项目的施工周期变长和资金需求量变大，如果要保证工程按期完成，必须有足够的资源及相应的合理化配置作为保证，所以，制订准确可行的施工策划方案对于合理安排资金、材料、设备、劳动力等具有重要意义。

利用 BIM5D 模型，有利于项目管理者合理安排工程进度计划、资金计划和配套资源计划。具体来讲，就是使用 BIM 软件快速建立工程实体的三维模型，通过自动化工程量计算功能计算实体工程量，进而结合 BIM 数据库中的人工、材料、机械等价格信息，分析任意部位、任何时间段的造价。同时，利用 BIM 数据库，赋予模型内各构件进度时间信息，形成 BIM5D 模型，就可以对数据模型按照任意时间段、任意分部、分项工程细分其工程量和造价，辅助工程人员快速制订项目的资金计划、材料计划、劳动力计划等资源计划，并在施工过程中按照实际进度合理调配资源，及时准确掌控工程成本，高效地进行成本分析及进度分析。同时，利用 BIM 模型的模拟和自动优化功能，可实现多项目方案的实时模拟，并进行对比、分析、选择和进一步优化，例如通过对多方案的反复比选，优化施工计划，合理利用资金，提高资金的周转率和使用效率。因此，从项目整体上看，通过 BIM 可提高项目策划的准确性和可行性，进而提升项目的管理水平。

4. 造价数据的积累与共享

在现阶段，造价机构与施工单位完成项目的预算和结算后，相关数据基本以纸质载体或 Excel、Word、PDF 等载体保存，它们孤立而分散地存在，查询和使用很不方便。

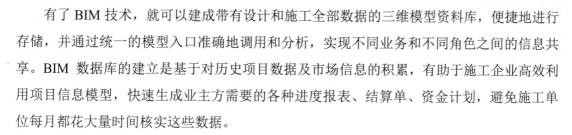

有了 BIM 技术，就可以建成带有设计和施工全部数据的三维模型资料库，便捷地进行存储，并通过统一的模型入口准确地调用和分析，实现不同业务和不同角色之间的信息共享。BIM 数据库的建立是基于对历史项目数据及市场信息的积累，有助于施工企业高效利用项目信息模型，快速生成业主方需要的各种进度报表、结算单、资金计划，避免施工单位每月都花大量时间核实这些数据。

同时，施工企业可以从公司层面统一建立 BIM 数据库，通过造价指标抽取，为同类工程提供对比指标；也可以方便地为新项目的投标提供可借鉴的历史报价参考，避免企业造价专业人员流动带来的重复劳动和人工费用增加。在项目建设过程中，施工单位也可以利用 BIM 技术按某时间、某工序、特定区域进行工程造价管理。正是 BIM 这种统一的项目信息存储平台，实现了信息的积累、共享及管理的高效便捷。

5. 提高获取项目造价数据的时效性

在工程施工过程中，从项目策划到工程实施，从工程预算到结算支付，从施工图纸到设计变更，不同的工作、阶段或业务，都需要及时准确地获取项目的造价信息，而施工项目的复杂性使得传统的项目管理方式在特定阶段获取特定造价信息的效率非常低下。

BIM 技术的核心是一个由计算机三维模型所形成的数据库，这些数据库信息在建筑全生命周期过程中会随着施工进展和市场变化进行动态调整，相关业务人员调整 BIM 模型数据后，所有参与者均可实时地共享更新后的数据。数据信息包括任意构件的工程量和造价，任意生产要素的市场价格信息，某部分工作的设计变更，变更引起的其他数据变化等。BIM 这种富有时效性的共享数据平台的工作方式，改善了沟通方式，使项目工程管理人员及项目造价人员及时、准确地筛选和调用工程基础业务数据成为可能。也正是这种时效性，大大提高了造价基础数据的准确性，从而提高了工程造价的管理水平，避免了传统造价模式与市场脱节、二次调价等问题。

6. 支持不同阶段的成本控制

BIM 模型丰富的参数信息和多维度的业务信息能够辅助不同阶段和不同业务的成本控制。在施工项目投标过程中，投标造价的合理性至关重要。在充分理解施工图纸的基础上，将设计图纸中的项目构成要素与 BIM 数据库积累的造价信息相关联，可以按照时间维度，按任意分部、分项工程输出相关的造价信息，并自动统计指标信息，对于投标造价成本的合理性分析和审核具有重要意义。

在设计交底和图纸会审阶段，传统的图纸会审是基于二维平面图纸进行的，且各专业

图纸分开设计，仅凭借人为检查很难发现问题。BIM 的引入，可以把各专业设计模型整合到一个统一的 BIM 平台上，设计方、承包方、监理方可以从不同的角度审核图纸，利用 BIM 的可视化模拟功能，进行各专业碰撞检查，及时发现不妥之处，降低设计错误数量，极大地减少因理解错误导致的返工费用，避免施工中可能发生的各类变更，做到成本的事前控制。

在施工过程中，材料费用通常占预算费用的 70%，占直接费用的 80%，比重非常大。因此，如何有效地控制材料消耗是施工成本控制的关键。通过限额领料可以控制材料浪费，但是在实际执行过程中效果并不理想。原因就在于配发材料时，由于时间有限及参考数据查询困难，审核人员无法判断报送的领料单上的每项工作消耗的数量是否合理，只能凭主观经验和少量数据大概估计。通过 BIM 技术，审核人员可以利用 BIM 的多维模拟施工计算，快速准确地拆分汇总并输出任一细部工作的消耗量标准，真正实现限额领料，做到成本的过程控制。

7. 支撑不同维度多算对比分析

工程造价管理中的多算对比对于及时发现问题、分析问题、纠正问题并降低工程费用至关重要。多算对比通常从时间、工序、空间三个维度进行分析对比，而只分析一个维度可能发现不了问题。例如某项目上月完成 600 万元产值，实际成本 450 万元，总体效益良好，但很有可能某个子项工序预算为 90 万元，实际成本却发生了 100 万元。这就要求不仅能分析一个时间段的费用，还要能够将项目实际发生的成本拆分到每个工序中。又因为项目经常按施工段进行区域施工或分包，这就又要求能按照空间区域或流水段统计、分析相关成本要素。从这三个维度进行统计及分析成本情况，需要拆分、汇总大量实物消耗量和造价数据，仅靠造价人员人工计算是难以完成的。

要实现快速、精准的多维度多算对比，需利用 BIM 5D 技术和相关软件。对 BIM 模型各构件进行统一编码，在统一的三维模型数据库的支持下，从最开始就进行模型、造价、流水段、工序和时间等不同维度信息的关联和绑定，在这一过程中，能够以最少的时间实时进行任意维度的统计、分析和决策，保证多维度成本分析的高效性和精准性，以及成本控制的有效性和针对性。

1.2.5 BIM 与运维

建筑物的运营维护阶段是建筑物全生命周期中最长的一个阶段，这个阶段的管理工作是很重要的。由于需要长期运营维护，对运营维护的科学安排能够使运营的质量提高，同时降低成本，从而促进管理工作的全面提升。

美国国家标准与技术研究院在 2004 年进行了一次调查研究，目的是预估美国重要的设施行业(如商业建筑、公共设施建筑和工业设施)的效率损失。研究报告指出："根据访谈和调查回复，在 2002 年不动产行业中每年的互用性成本量化为 158 亿美元。在这些费用中，三分之二由业主和运营商承担，这些费用的大部分是在设施持续运营和维护中花费的。除了量化的成本，受访者还指出，其他显著的效率低下和缺乏互用性而导致的成本损失问题，超出了我们的分析范围。因此，价值 158 亿美元的成本估算在这项研究中很可能是一个保守数字。"

的确，在不少设施管理机构中每天仍然在重复低效率的工作。使用人工计算各种费用；在一大堆纸质文档中寻找有关设备的维护手册；花费大量时间搜索竣工平面图但是毫无结果，最后才发现从一开始就没收到该平面图。这正是前面所说的因为没有解决互用性问题造成的效率低下。

提高设施在运营维护阶段的管理水平，降低运营和维护成本的问题亟须解决。

随着 BIM 的出现，设施管理者看到了希望的曙光，特别是一些应用 BIM 进行设施管理的成功案例增强了管理者们的信心。由于 BIM 中携带了建筑物全生命周期高质量的建筑信息，业主和运营商便可降低由于缺乏操作性而导致的成本损失。

在运营维护阶段，BIM 可应用于竣工模型交付；维护计划；建筑系统分析；资产管理；空间管理与分析；防灾计划与灾害应急模拟等方面。

将 BIM 应用到运营维护阶段后，由于从施工方那里接收了用 BIM 技术建立的竣工模型，运营维护管理方就可以在这个基础上，根据运营维护管理工作的特点，对竣工模型进行充实和完善，然后以 BIM 模型为基础，建立起运营维护管理系统。

这样，运营维护管理方得到的不只是常规的设计图纸和竣工图纸，还能得到反映建筑物真实状况的 BIM 模型，里面包含施工过程记录、材料使用情况、设备的调试记录及状态等与运营维护相关的文档和资料。BIM 能将建筑物空间信息、设备信息和其他信息有机地整合起来，结合运营维护管理系统充分发挥空间定位和数据记录的优势，合理制订运营、

管理、维护计划，尽可能降低运营过程中的突发事件。

BIM 可以帮助管理人员进行空间管理，科学地分析建筑物空间现状，合理规划空间的安排，确保其能得到充分利用。应用 BIM 可以处理各种空间变更请求，合理安排各种应用需求，并记录空间的使用、出租、退租情况，还可以在租赁合同到期日前设置到期自动提醒功能，实现空间的全过程管理。

应用 BIM 可以大大提高各种设施和设备的管理水平。可以通过 BIM 建立维护工作的历史记录，以便对设施和设备的状态进行跟踪，对一些重要设备的使用状态提前预判，并自动根据维护记录和保养计划提示到期需保养的设施和设备，对故障的设备从派工维修到完工验收、回访等进行记录，实现过程化管理。此外，BIM 模型信息还可以与停车场管理系统、智能监控系统、安全防护系统等进行连接，实行集中后台控制和管理，以实现各个系统之间的互联、互通和信息共享，有效地进行更好的运营维护管理。

以上工作都属于资产管理工作，如果基于 BIM 的资产管理工作与物联网结合起来，将能很好地解决资产的实时监控、实时查询和实时定位问题。

基于 BIM 模型丰富的信息，可以应用灾害分析模拟软件模拟建筑物可能遭遇的各种灾害发生与发展过程，分析灾害发生的原因，根据分析制订抵御灾害的措施，以及制订各种人员疏散、救援支持的应急预案。灾害发生后，可以以可视化方式将受灾现场的信息提供给救援人员，让救援人员迅速找到通往灾害现场最合适的路线，采取合理的应对措施，提高救灾的成效。

【案例 1-1】北京地铁 7 号线东延 01 标段，共包含 2 站 2 区间，分别为：黄厂村站、豆各庄站、焦化厂站—黄厂村站区间、黄厂村站—豆各庄站区间。标段西起自焦化厂站(不含)，下穿东五环路、上跨南水北调输水管线，向东敷设经黄厂村站，向东穿越大柳树排水沟、西排干渠、通惠灌渠后到达豆各庄站，标段长为 3.25km。本工程工作内容包括车站、区间的土建工程、降水工程及站前广场等。整个项目将面临工程量大、工法多样、施工覆盖范围广、施工时间较长、作业面广、专业分工细等诸多难点。施工过程中还将面临"三多一少"的问题，即作业面多、危险源多、质量控制点多，在施工区域内可以利用的施工场地少。

本项目利用 BIM 技术实现三维施工场地布置及立体施工规划，实现了标准化建设可视化、绿色信息智能化管理。同时通过虚拟漫游从细部到整个施工区，快速全面了解项目标准化建设的整体面貌和细部面貌。

试结合上文分析 BIM 在此工程中的重要作用。

1.3 BIM 市场需求预测

1.3.1 BIM 发展的必要性

BIM 是英文 Building Information Modeling 的缩写，指的是在营建设施(包括建筑物、桥梁、道路、隧道等)的生命周期中，创建与维护营建设施产品数字信息及其工程应用的技术。简而言之，BIM 技术就是一个在计算机虚拟空间中模仿真实工程作业，以协助营建生命周期规划、设计、施工、营运、维护工作中的各项管理与工程作业的新技术、新方法与新概念(而不是新工具)。

BIM 强调工程(包括建筑、土木、水利、河海等各类工程)的生命周期信息集结与永续性运用、3D 可视化的呈现与跨专业跨阶段的协同作业、几何与非几何信息的系结、静态与动态过程信息的实时掌握、微观与宏观空间信息的整合等。BIM 技术特质给公共工程的质量提升、降低成本浪费、有效缩短工期、跨专业整合与沟通界面管理等带来的成效，在国内外都已经有了许多成功案例与辉煌成果。BIM 技术运用正在持续而快速地发展与进步中。

1.3.2 当前 BIM 市场现状

目前，国内 BIM 软件企业已成为该产业的核心大军，诸多 BIM 软件厂商结合国内软件应用环境和实际情况，围绕建筑设计、建造、运维三个阶段进行 BIM 软件的研发，推出符合中国市场的 BIM 产品。近几年，国内 BIM 软件厂商的发展总体呈良好态势，通过本地化产品和配套的技术服务支撑，取得了不错的成绩。但因软件研发需要大量的资金投入，目前有实力的 BIM 研发企业数量还比较少，只有鲁班、广联达、鸿业、品茗等几个大的软件厂商。

BIM 咨询市场是 BIM 产业中交易最活跃的细分市场，也是 BIM 产业中企业数量最多的领域。主要为建筑方、施工企业提供 BIM 咨询服务。因进入门槛较低，存在大量的咨询企业，有的依托软件研发业务提供咨询服务，有些传统的设计院、工程咨询公司开辟了 BIM 咨询业务，还有些人看准机遇另起炉灶。

因产业技术的升级换代，行业面临大量的培训需求。国家人社部教育培训中心适时推出全国 BIM 等级考试，中国建设教育协会推出了全国 BIM 应用技能考试，以应对大量的

BIM 技术概论

BIM 培训与考证需求，但 BIM 培训企业的规模还相对较小，因此具有广阔的发展空间。

1.3.3 未来 BIM 市场预测

全球建筑业界已普遍认同 BIM 是未来趋势，还将有非常大的发展空间，对整个建筑行业的影响是全面性的、革命性的，其技术的普及成熟，对建筑业变革产生的影响将超越计算机的影响。

目前 BIM 软件之间数据信息交互还不够畅通，无形中增加了重复劳动，提高了使用成本。要推动设计、施工、运维阶段数据的互通，需要 BIM 软件厂商之间的合作以及市场竞争的自然选择。市场将根据主流 BIM 软件厂商应用的数据标准形成社会的事实标准。最后通过国家层面以事实标准为基础，通盘考虑，在此基础上深化和完善，最后形成国家标准。

大土木工程专业类别众多，从房建、厂房、市政到钢结构、精装、地铁、铁路、码头、化工等，十分庞杂，专业区分较大，建模技术要求不同。不同的工程专业的工艺流程和管理体系也十分庞大，各专业拥有专业化程度较强的 BIM 技术系统将是一个发展方向，与专业需求、规范，甚至是本地化深度结合，做出用户体验最好、投入产出最高的专业 BIM 技术体系。

对于 BIM 来说，与物联网的结合，可以为建筑物内部各类智能机电设备提供空间定位。建筑物内部各类智能机电设备在 BIM 模型中的空间定位，有助于为各类检修、维护活动提供更直观的分析手段。随着智慧城市的发展，利用"BIM＋GIS＋物联网"建设数字化城市越来越需要 BIM 来获得海量的城市建筑设施模型数据。从 BIM 到 CIM，将成为 BIM 发展趋势。

【案例 1-2】由于 BIM 技术最早由设计院引入到我国，其能力已经达到一定水平，BIM 实施基本上由自己的团队完成，但其在未来市场已经很难再有发展。施工单位由于人员能力、技术水平较差，在自身业务、技术创新、管理改革等方面均需要 BIM 技术支撑，越来越多的 BIM 条款出现在施工合同中。业主单位最近几年意识到 BIM 技术对于项目全生命周期的价值，开始予以重视，可以预测，其未来对 BIM 的需求会越来越多。

结合上文分析 BIM 在将来工程行业中的发展前景。

本章小结

本章介绍了 BIM 工程师定义、BIM 的应用、BIM 市场需求预测，其中需要重点掌握 BIM 与施工、BIM 与造价的相关知识。

 实训练习

一、单选题

1. 应用 BIM 支持和完成工程项目生命周期过程中的各种专业任务的专业人员指的是（　　）。

    A. BIM 标准研究类人员　　　　　　B. BIM 工具开发类人员

    C. BIM 工程应用类人员　　　　　　D. BIM 教育类人员

2. 根据项目需求建立相 BIM 模型的工程师，如场地模型、土建模型、机电模型、钢结构模型、幕墙模型、绿色模型及安全模型的是（　　）。

    A. BIM 模型生产工程师　　　　　　B. BIM 专业分析工程师

    C. BIM 信息应用工程师　　　　　　D. BIM 系统管理工程师

3. 下列选项中属于 BIM 工程师职业发展初级阶段的是（　　）。

    A. BIM 操作人员　　　　　　　　　B. BIM 技术主管

    C. BIM 标准研究类人员　　　　　　D. BIM 工程应用类人员

4. 下列选项体现了 BIM 在施工中的应用的是（　　）。

    A. 通过创建模型，更好地表达设计意图，突出设计效果，满足业主需求

    B. 可视化运维管理，基于 BIM 三维模型对建筑运维阶段进行直观的、可视化的管理

    C. 反映管理决策与模拟，提供实时的数据访问，在没有获取足够信息的情况下，做出应急响应的决策

    D. 利用模型进行直观的"预施工"，更大程度地消除施工的不确定性和不可预见性，降低施工风险

5. 房地产开发公司在 BIM 与招标投标方面的应用主要体现在（　　）。

A. 负责投标工作，基于 BIM 技术对项目工程量进行估算，做出初步报价

B. 负责投标工作，利用 BIM 数据库，结合相关软件完成数据整理工作，通过核算人、材料、机械的用量，分析施工环境和难点

C. 负责招标、开标及评定标等工作

D. 负责对基于 BIM 技术的设计方法进行研究及创新，以提高项目设计阶段的效益

二、多选题

1. BIM 工程师职业岗位中教育类可分为(   )。

    A. 高校教师   B. 培训讲师   C. 标准制定人员

    D. 理论基础研究人员   E. BIM 专业分析人员

2. 根据 BIM 应用程度，可将 BIM 工程师职业岗位分为(   )。

    A. BIM 战略总监   B. BIM 项目经理   C. BIM 技术主管

    D. BIM 操作人员   E. BIM 系统管理人员

3. BIM 工程师职业发展方向包括(   )。

    A. BIM 与招标投标   B. BIM 与设计   C. BIM 与施工

    D. BIM 与造价   E. BIM 与勘查

4. 当前 BIM 市场的主要特征包括(   )。

    A. BIM 技术应用覆盖面较窄   B. 涉及项目的实战较少

    C. BIM 普及程度较高   D. 缺少专业的 BIM 工程师

    E. BIM 市场从业面窄

5. 下列选项可能是 BIM 未来发展模式的特点的有(   )。

    A. 个性化开发   B. 全方位应用   C. 单方位应用

    D. 市场细分   E. BIM 与造价多软件协调

三、简答题

1. 什么是 BIM 工程师？

2. 简述 BIM 的应用。

3. 简述 BIM 发展的必要性。

第 1 章 习题答案.pdf

实训工作单

班级		姓名		日期	
教学项目		了解 BIM 的应用			
任务	熟悉 BIM 在建筑工程各个阶段的应用	学习途径	通过相关书籍或者视频学习		
学习目标		主要掌握 BIM 在设计、施工、造价、运维阶段的应用			
学习要点					
学习记录					
评语			指导老师		

第2章　BIM 基础知识

🛒 【教学目标】

- 了解 BIM 技术概述。
- 了解 BIM 发展历史与应用现状。
- 熟悉 BIM 的特性。
- 熟悉 BIM 与信息模型。
- 熟悉 BIM 的作用与价值。

第2章 BIM 基础知识.pptx

🚶 【教学要求】

BIM 基础知识.mp4

本章要点	掌握层次	相关知识点
BIM 技术概述	1.了解 BIM 的由来 2.了解 BIM 技术概念 3.了解 BIM 的优势 4.了解 BIM 常用术语	BIM 相对于 CAD 拥有的优势
BIM 发展历史与应用现状	1.了解 BIM 技术的发展沿革 2.了解 BIM 在国外的发展状况 3.了解 BIM 在国内的发展状况 4.了解 BIM 的未来展望	BIM 在国内的发展
BIM 的特性	1.了解 BIM 的可视化 2.了解 BIM 的协调性 3.了解 BIM 的模拟性 4.了解 BIM 的优化性 5.了解 BIM 的可出图性	基于 BIM 的优化
BIM 与信息模型	1.了解 BIM 信息的特征 2.了解 BIM 项目全生命周期的信息 3.了解信息的传递与作用方式 4.了解模型构件属性	建设工程的全生命周期

续表

本章要点	掌握层次	相关知识点
BIM 的作用与价值	1.了解 BIM 在勘察设计阶段的作用与价值 2.了解 BIM 在施工阶段的作用与价值 3.了解 BIM 在运营维护阶段的作用与价值 4.了解 BIM 技术给工程带来的变化	BIM 与工程的关联性

【案例导入】

中国尊，位于北京商务中心区核心区 Z15 地块，东至金和东路，南邻规划中的绿地，西至金和路，北至光华路，总建筑面积 437 000m²，其中地上 350 000m²，地下 87 000 万m²，建筑总高 528m，建筑层数地上 108 层、地下 7 层(不含夹层)，可容纳 1.2 万人办公，每日可接待约 1 万人·次的观光，是北京市最高的地标建筑。项目全专业深化设计 BIM 模型共 652 个，过程模型总容量超 700GB，最新版大楼整体综合模型达 35.4GB。目前，项目 REVIT 专业族库拥有为本项目专门建立的构件族 300 余个，覆盖机电、精装修、幕墙、电梯、擦窗机等各个专业。项目共开展分区模型综合协调 19 轮，发现解决模型问题达 5600 余处，其中协调专业间矛盾超过 900 处，有效提升了设计图纸质量。

【问题导入】

作为我国首例 BIM 全生命周期建设工程，结合自身认知，浅谈 BIM 在整个过程中所起到的作用。

2.1　BIM 技术概述

2.1.1　BIM 的由来

BIM 是英文术语缩写，即 Building Information Model，可以译为"建筑信息模型"。是对一个设施的实体和功能特性的数字化表达方式。建筑信息模型是建筑学、工程学及土木工程的新工具，是以建筑工程项目的各项相关信息数据作为模型的基础，进行建筑模型的建立，通过数字信息模拟建筑物所具有的真实信息。它具有可视化、协调性、模拟性、优化性和可出图性五大特点。BIM 建立的建筑模型如图 2-1 所示。

从 1975 年 BIM 之父——佐治亚理工大学的查克·伊士曼(Chuck Eastman)教授创建了 BIM 理念至今，BIM 技术的研究经历了三个阶段：萌芽阶段、产生阶段和发展阶段。1975

年伊士曼教授在其研究的课题"Building Description System"中提出"acomputer-based description of-a building",以便实现建筑工程的可视化和量化分析,提高工程建设效率。但在当时流传速度较慢,直到 2002 年,由 Autodesk 公司正式发布《BIM 白皮书》后,由 BIM 教父——杰里·莱瑟林(Jerry Laiserin)对 BIM 的内涵和外延进行界定并将 BIM 推广流传。之后,我国也加入了 BIM 研究的国际阵容中,但结合 BIM 技术进行项目管理的研究才刚刚起步,而结合 BIM 项目运营管理的研究就更为稀少。

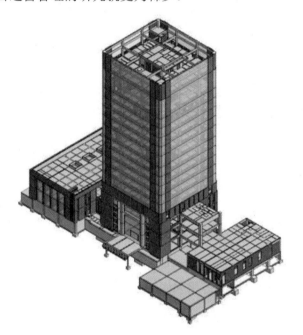

BIM 建筑模型

BIM 技术的基本
特征.mp3

图 2-1　BIM 建筑模型

同时,BIM 的出现也夹杂着很多其他原因。

(1) 产业结构的分散性。一个工程项目涉及多个独立的参与方,信息也来自多个参与方,形成多个数据源,导致大量分布式异构工程数据难以交流,无法共享。

(2) 信息交流手段落后。在工程项目设计、施工、管理过程中,相关数据主要采用估量统计、手工编制、人工报表、文档传递等方式进行保存和交流,这导致信息传递工作量大、效率低。

传统的横道图和直方图难以清晰地表达施工的动态变化过程,在进行信息传输和交流时,易造成信息歧义、失真和错误。

(3) 节能、环保和可持续发展面临严峻挑战。工程实施过程都是围绕"建造成本"的控制和管理,"建造成本"只是其生命周期总成本中的一部分(其他成本:运营成本、维护成本、拆除成本、重建成本等;整体价值:建设工程投入使用的运营利润,节能、节材、

节地、环保以及可持续发展等方面的长远效益和整体价值)。这致使无法核算工程总成本，长远效益和整体价值无从预测。耗能、环保或危及可持续发展等因素，导致项目负债运营、无效益，甚至被提前废弃。

(4) 建设项目管理缺乏综合性控制。管理欠缺科学性、精确性，已成为制约项目管理现代化的瓶颈，直接影响信息化应用效果和发展水平。

(5) 建筑行业存在着大比率的浪费情况，新型技术能够大大减少相关的资源浪费。

综合多种因素，为了从根本上解决建设项目生命周期各阶段以及应用系统之间的信息断层，实现全过程的工程信息集成，BIM 的概念应运而生。

2.1.2 BIM 技术概念

BIM 技术是一种多维(三维空间、四维时间、五维成本、N 维更多应用)模型信息集成技术，可以使建设项目的所有参与方(包括政府主管部门、业主、设计、施工、监理、造价、运营管理、项目用户等)从概念产生到完全拆除的整个生命周期内，都能够在模型中操作信息和在信息中操作模型，从而从根本上改变从业人员依靠符号、文字和图纸进行项目建设和运营管理的工作方式，实现在建设项目全生命周期内提高工作效率和质量以及减少错误和风险的目标。各参与方 BIM 技术应用如图 2-2 所示。

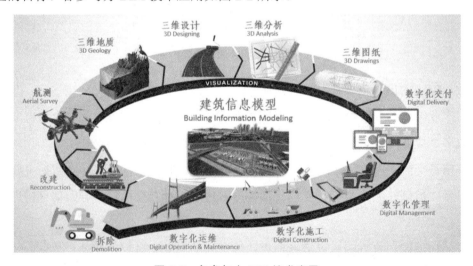

图 2-2　各参与方 BIM 技术应用

BIM 的含义总结为以下三点。

(1) BIM 是以三维数字技术为基础，集成建筑工程项目各种相关信息的工程数据模型，是对工程项目设施实体与功能特性的数字化表达。

(2) BIM 是一个完善的信息模型，能够连接建筑项目全生命周期不同阶段的数据、过程和资源，是对工程对象的完整描述，提供可自动计算、查询、组合、拆分的实时工程数据，建设项目各参与方均可使用。

(3) BIM 具有单一工程数据源，可解决分布式、异构工程数据之间的一致性和全局共享问题，支持建设项目生命周期中动态的工程信息创建、管理和共享，是项目实施的共享数据平台。

2.1.3 BIM 的优势

现代大型建设项目一般具有投资规模大、建设周期长、参建单位众多、项目功能要求高以及全生命周期信息量大等特点，建设项目设计以及工程管理工作极具复杂性，传统的信息沟通和管理方式已远远不能满足要求。实践证明，信息传达错误或不完备是造成众多索赔与争议事件的根本原因，而 BIM 技术通过三维的共同工作平台以及三维的信息传递方式，可以为实现设计、施工一体化提供良好的技术平台和解决思路，为解决建设工程领域目前存在的协调性差、整体性不强等问题提供解决方法。

CAD 技术将手工绘图带入了计算机辅助制图阶段，实现了工程设计领域的第一次信息革命。但是此信息技术对产业链的支撑作用是断点的，各个领域和环节之间没有关联，从整个产业整体来看，信息化的综合应用明显不足。BIM 是一种技术、一种方法、一种过程，它既包括建筑物全生命周期的信息模型，又包括建筑工程管理行为的模型，将两者进行完美结合来实现集成管理，它的出现将可能引发整个 A/E/C(Architecture/Engineering/ Construction) 领域的第二次革命。绘图技术的演变如图 2-3 所示，BIM 相对于 CAD 拥有的优势见表 2-1。

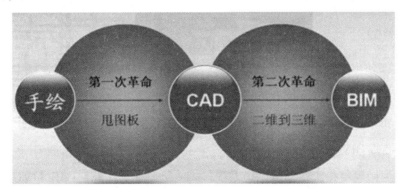

图 2-3 绘图技术的演变

表 2-1　BIM 相对于 CAD 拥有的优势

面向对象 ＼ 类别	CAD 技术	BIM 技术
基本元素	基本元素为点、线、面	基本元素如：墙、窗、门等，不但具有几何特性，同时还具有建筑物理特征和功能特征
修改图元位置或大小	需要再次画图，或者通过拉伸命令调整大小	所有图元均为参数化建筑构件，附有建筑属性；在"族"的概念下，只需要更改属性，就可以调节构件的尺寸、样式、材质、颜色等
各建筑元素间关联性	各个建筑元素间没有相关性	各个构建是相互关联的，例如删除一面墙，墙上的窗户和门随之自动删除；删除一扇窗，墙上原来窗的位置会自动恢复为完整的墙
建筑物整体修改	需要对建筑物各投影面依次进行人工修改	只需进行一次修改，与之相关的平面、立面、剖面、三维视图、明细表等都自动修改
建筑信息的表达	提供的建筑信息非常有限，只能将纸质图纸电子化	包含了建筑的全部信息，不仅提供形象可视的二维和三维图纸，而且提供工程量清单、施工管理、虚拟建造、造价估算等更加丰富的信息

2.1.4　BIM 常用术语

1. BIM

BIM 前期定义为 Building Information Model，之后将 BIM 中的"Model"替换为 Modeling，即：Building Information Modeling，前者指的是静态的"模型"，后者指的是动态的"过程"，可以直译为"建筑信息建模""建筑信息模型方法"或"建筑信息模型过程"，但目前仍然被业界称为"建筑信息模型"。

2. PAS 1192

PAS 1192 即使用建筑信息模型设置信息管理运营阶段的规范。该纲要规定了 level of 图形信息(model)，非图形内容(model information)、模型的意义(model definition)和模型信息交换(model information exchanges)。PAS 1192-2 提出 BIM 实施计划(BEP)是为了管理项目的交付过程，有效地将 BIM 引入项目交付流程，对项目团队在项目早期发展 BEP 很重要。PAS 1192-2 概述了全局视角和实施细节，帮助项目团队贯穿项目实践。PAS 1192-2 经常在项目启动时被定义并当新项目成员被委派时调节他们的参与。

3. CIC BIM protocol

CIC BIM protocol 即 CIC BIM 协议。CIC BIM 协议是建设单位和承包商之间的一个补充性的具有法律效力的协议，已被纳入专业服务条约和建设合同，是对标准项目的补充。它规定了雇主和承包商的额外权利和义务，从而促进相互之间的合作，此外还包括对知识产权的保护和对项目参与各方的责任划分。

4. Clash rendition

Clash rendition 即碰撞再现，专门用于空间协调的过程，实现不同学科建立的 BIM 模型之间的碰撞规避或者碰撞检查。

5. CDE

CDE 即公共数据环境。这是一个中心信息库，所有项目相关者都可以访问。同时对所有 CDE 中的数据访问都是随时的，所有权仍由创始者持有。

6. COBie

COBie 即施工运营建筑信息交换(Construction Operations Building Information Exchange)。COBie 是一种以电子表单呈现的用于交付的数据形式，为了调频交接包含了建筑模型中的一部分信息(除了图形数据)。

7. Data Exchange Specification

Data Exchange Specification 即数据交换规范，是不同 BIM 应用软件之间数据文件交换的一种电子文件格式的规范，以提高相互间的可操作性。

8. Federated mode

Federated mode 即联邦模式。它将不同的模型合并成一个模型，是多方合作的结果。

9. GSL

GSL 即 Government Soft Landings。这是一个由英国政府提出的交付模式，其目的是降低成本(资产和运行成本)，提高资产交付和运作效果，得益于建筑信息模型。

10. IFC

IFC 即 Industry Foundation Class。IFC 是一个包含各种建设项目设计、施工、运营各个

阶段所需要的全部信息的一种基于对象的、公开的标准文件交换格式。

11．IDM

IDM 即 Information Delivery Manual。IDM 是对某个指定项目以及项目阶段、某个特定项目成员、某个特定业务流程所需要交换的信息以及由该流程产生的信息的定义。每个项目成员通过信息交换得到完成工作所需的信息，同时把在工作中收集或更新的信息通过交换，供其他需要的项目成员使用。

12．Information Manager

Information Manager 即为雇主提供一个"信息管理者"的角色，本质上就是一个负责 BIM 程序下资产交付的项目管理者。

13．Level 0、Level 1、Level 2、Level 3

levels 表示 BIM 等级从不同阶段到完全被认可的里程碑阶段的过程，是 BIM 成熟度的划分。这个过程被分为 0~3 共 4 个阶段，目前对于每个阶段的定义还有争论，最广为认可的定义如下。

(1) Level 0：没有合作，只有二维的 CAD 图纸，通过纸张和电子文本输出结果。

(2) Level 1：含有一点三维 CAD 的概念设计工作，法定批准文件和生产信息都由 2D 图输出。不同学科之间没有合作，每个参与者只有自己的数据。

(3) Level 2：合作性工作，所有参与方都使用自己的 3D CAD 模型，设计信息共享通过普通文件格式(Common File Format)。各个组织都能将共享数据和自己的数据结合，从而发现矛盾。因此各方使用的 CAD 软件必须能够以普通文件格式输出。

(4) Level 3：所有学科整合性合作，使用一个在 CDE 环境中的共享性的项目模型。各参与方都可以访问和修改同一个模型，规避了最后一层信息冲突的风险，即 Open BIM。

14．LOD

BIM 模型的发展程度或细致程度即 LOD(Level of Detail)。LOD 描述了一个 BIM 模型构件单元从最低级的近似概念化的程度发展到最高级的演示级精度的步骤。LOD 的定义主要运用于确定模型阶段输出结果及分配建模任务这两方面。

15．LOI

LOI 即 Level of Information。LOI 定义了每个阶段需要多少细节，比如，是空间信息、

性能，还是标准、工况、证明等。

16．LCA

LCA 即全生命周期评估(Life-Cycle Assessment)或全生命周期分析(Life-Cycle Analysis)，是对建筑资产从建成到退出使用，这一过程对环境影响的评估，主要是对能量和材料消耗、废物和废气排放的评估。

17．Open BIM

Open BIM 即一种在建筑的合作性设计、施工和运营中基于公共标准和公共工作流程的开放资源的工作方式。

18．BEP

BEP 即 BIM 实施计划(BIM Execution Plan)。BIM 实施计划分为合同前 BEP 及合作运作期 BEP，合同前 BEP 主要负责雇主的信息要求，即在设计和建设中纳入承包商的建议；合作运作期 BEP 主要负责合同交付细节。

19．Uniclass

Uniclass 即英国政府使用的分类系统，是指将对象分类整理，使事物有序。主要在资产的全生命过程中根据类型和种类将各相关元素整理和分类，有可能作为 BIM 模型的类别。

2.2 BIM 的发展历史与应用现状

2.2.1 BIM 技术的发展沿革

BIM 作为对包括工程建设行业在内的多个行业的工作流程、工作方法的一次重大探索和变革，其雏形最早可追溯到 20 世纪 70 年代。查克•伊士曼在 1975 年提出了 BIM 的概念；20 世纪 70 年代末至 80 年代初，英国进行了类似 BIM 的研究与开发工作，当时，欧洲习惯将其称为"产品信息模型"(Product Information Model)，而美国通常称为"建筑产品模型"(Building Product Model)。1986 年，罗伯特•艾什(Robert Aish)发表的一篇论文中第一次使用了"Building Information Modeling"一词，他在这篇论文描述了今天我们所知的 BIM 论点和实施的相关技术，并在该论文中应用 RUCAPS 建筑模型系统分析了一个案例来表达了

他的概念。

21 世纪前的 BIM 研究由于受到计算机硬件与软件水平的限制，其仅能作为学术研究对象，很难在工程实际应用中发挥作用。

21 世纪以后，随着计算机软硬件水平的迅速发展以及对建筑生命周期的深入理解，推动了 BIM 技术的不断发展。自 2002 年，BIM 这一方法和理念被提出并推广之后，BIM 技术变革风潮便在全球范围内席卷开来。

2.2.2 BIM 在国外的发展状况

1．美国

美国是较早启动建筑业信息化研究的国家，2003 年起，美国总务管理局(GSA)通过其下属的公共建筑服务处(Public Buildings Service，PBS)开始实施一项被称为国家 3D-4D-BIM 计划的项目，实施该项目的目的是实现技术转变，以提供更加高效、经济、安全、美观的联邦建筑；促进和支持开放标准的应用。

按照计划，GSA 从整个项目生命周期的角度来探索 BIM 的应用，其包含的领域有空间规划验证、4D 进度控制、激光扫描、能量分析、人流和安全验证以及建筑设备分析及决策支持等。为了保证计划的顺利实施，GSA 制定了一系列的策略进行支持和引导，主要内容如下。

(1) 制定详细明了的愿景和价值主张；

(2) 利用试点项目积累经验并起到示范作用；

(3) 加强人员培训，建立鼓励共享的组织文化；

(4) 选择适合的软件和硬件，应用开放标准软、硬件系统构成了 BIM 应用的基础环境。

2．新加坡

1995 年，新加坡国家发展部启动了一个名为 Corenet(Construction and Real Estate Network)的 IT 项目。主要目的是通过对业务流程进行流程再造(BPR)，以实现作业时间、生产效率的提升，同时还注重于采用先进的信息技术实现建筑房地产业各参与方之间实现高效、无缝的沟通和信息交流。Corenet 系统主要包括三个组成部分：e-Submission、e-plan Check 和 e-info。在整个系统中，居于核心地位的是 e-plan Check 子系统，同时也是整个系统中最具特色的。其作用是使用自动化程序对建筑设计的成果进行数字化检查，以发现其中违反

建筑规范要求之处。整个计划涉及五个政府部门中的八个相关机构。系统采用国际互操作联盟(IAI)所制定的 IFC 2×2 标准作为建筑数据定义的方法和手段。整个系统采用 C/S 架构,利用该系统,设计人员可以先通过系统的 BIM 工具对设计成果进行加工准备,然后将其提交给系统进行在线自动审查。

为了保证 Corenet 项目(特别是 e-plan Check 系统)的顺利实施,新加坡政府采取了一系列的政策措施,取得了较好效果。主要措施如下。

(1) 广泛的业界测试和试用,以保证系统的运行效果;

(2) 注重通过以各种形式与业界沟通,加强人才培养;

(3) 在系统的研发过程中加强与国际组织的合作。

新加坡政府非常重视与相关国际组织的合作,这可以使系统能得到来自国际组织的全方位支持,同时也可以在更大的范围内得到认可。

3. 英国

与大多数国家相比,英国政府要求强制使用 BIM。2011 年 5 月,英国内阁办公室发布了"政府建设战略"(Government Construction Strategy)文件,其中有一个完整章节都是关于建筑信息模型(BIM)的,明确要求到 2016 年政府要全面协同 3D BIM,并将全部的文件以信息化管理。

英国的设计公司在 BIM 实施方面已经相当领先了,因为伦敦是众多全球领先设计企业的总部,如 Foster and Partners、Zaha Hadid Architects、BDP 和 Arup Sports,也有很多领先设计企业的欧洲总部,如 HOK、SOM 和 Gensler。在这一背景下,政府发布的强制使用 BIM 的文件便可得到有效执行,因此英国的 AEC 企业与世界其他地方相比,发展速度更快。

4. 韩国

韩国在运用 BIM 技术上处于领先地位。多个政府部门都致力于制定 BIM 标准,例如韩国公共采购服务中心和韩国国土海洋部。

韩国主要的建筑公司都在积极采用 BIM 技术,如现代建设、三星建设、空间综合建筑事务所、大宇建设、GS 建设、Daelim 建设等公司。例如,Daelim 建设公司将 BIM 技术应用于桥梁的施工管理中,BMIS 公司将 BIM 软件 digital project 应用于建筑设计阶段以及施工阶段一体化的研究和实施中等。

5．日本

日本软件业较为发达，在建筑信息技术方面也拥有较多的国产软件，日本 BIM 相关软件厂商认识到，BIM 需要多个软件互相配合，是数据集成的基本前提，因此多家日本 BIM 软件商在 IAI 日本分会的支持下，以福井计算机株式会社为主导，成立了日本国产解决方案软件联盟。

此外，日本建筑学会于 2012 年 7 月发布了日本 BIM 指南，在 BIM 团队建设、BIM 数据处理、BIM 设计流程、应用 BIM 进行预算、模拟等方面为日本的设计院和施工企业应用 BIM 提供指导。

6．澳大利亚

澳大利亚也制定了国家 BIM 行动方案，2012 年 6 月，澳大利亚 building SMART 组织受澳大利亚工业、教育等部委托，发布了一份《国家 BIM 行动方案》，制定了按优先级排序的"国家 BIM 蓝图"。

(1) 规定了需要通过支持协同、基于模型采购的新采购合同形式；

(2) 规定了 BIM 应用指南；

(3) 将 BIM 技术列为教学大纲之一；

(4) 规定产品数据和 BIM 库；

(5) 规范流程和数据交换；

(6) 执行法律法规审查；

(7) 推行示范工程，鼓励示范工程用于论证和检验上述六项计划的成果，用于全行业推广普及的准备就绪程度。

7．北欧

北欧国家包括挪威、丹麦、瑞典和芬兰，是建筑业信息技术的软件厂商所在地，如 Tekla 和 Solibri，而且对发源于邻近匈牙利的 ArchiCAD 的应用率也很高。

北欧四国政府强制却并未要求全部使用 BIM，由于当地气候的制约以及先进建筑信息技术软件的推动，BIM 技术的发展主要是企业的自觉行为。如 Senate Properties，一家芬兰国有企业，也是荷兰最大的物业资产管理公司。2007 年，Senate Properties 发布了一份建筑设计的 BIM 要求(Senate Properties BIM Requirements for Architectural Design, 2007)。自 2007 年 10 月 1 日起，Senate Properties 的项目仅强制要求建筑设计部分使用 BIM，其他设计部分

可根据项目情况自行决定是否采用 BIM 技术，但目标将是全面使用 BIM。该报告还提出，在设计招标时， BIM 要求将强制成为项目合同的一部分，且具有法律约束力；建议在项目协作时，建模任务需创建通用的视图，需要准确的定义；需要提交最终 BIM 模型，且建筑结构与模型内部的碰撞需要进行存档；建模流程分为四个阶段：Spatial Group BIM、Spatial BIM、Preliminary Building Element BIM 和 Building Element BIM。

【案例 2-1】澳大利亚、日本、美国、韩国、挪威、新加坡、英国、芬兰各国陆续发布了本国的国家、行业和企业级标准。美国联邦事务管理局(GSA)规定，自 2007 年起在联邦政府大型工程中必须应用 BIM 技术，并编制了一系列指南，有力地推动了 BIM 技术的普及应用；美国建筑科学研究院牵头开展了国家 BIM 标准的编制工作，目前，标准已经更新至第二版。英国政府组织了 200 多名相关专家，分专题进行研究，编制了 BIM 技术应用框架，并规定自 2016 年起所有的政府工程都必须按照该框架应用 BIM 技术。

试分析为什么 BIM 在当今建筑业的地位越来越重要。

2.2.3 BIM 在国内的发展状况

1. 香港

香港的 BIM 发展主要靠行业自身推动。早在 2009 年，香港便成立了香港 BIM 学会。2010 年，香港的 BIM 技术应用已经完成从概念到实用的转变，处于全面推广的最初阶段。香港房屋署自 2006 年起率先试用建筑信息模型；为了成功地推行 BIM，自行订立 BIM 应用标准、用户指南、组建资料库等设计指引和参考。这些资料有效地为模型建立、管理档案，以及用户之间的沟通创造了良好环境。2009 年 11 月，香港房屋署发布了 BIM 应用标准指出，2014 年到 2015 年该项技术将覆盖香港房屋署所有项目。

2. 台湾

在科研方面，2007 年台湾大学与 Autodesk 签订了产学研合作协议，重点研究建筑信息模型(BIM)及动态工程模型设计。2009 年，台湾大学土木工程系成立了工程信息仿真与管理中心，促进了 BIM 相关技术应用的经验交流、成果分享、人才培训与产学研合作。2011 年 11 月，BIM 中心与淡江大学工程法律研究发展中心合作，出版了《工程项目应用建筑信息模型之契约模板》一书，并特别提供了合同范本与说明，补充了现有合同内容在应用 BIM 上的不足。高雄应用科技大学土木系也于 2011 年成立了工程资讯整合与模拟(BIM)研究中

心。此外，台湾交通大学、台湾科技大学等对 BIM 进行了广泛研究，推动了台湾对于 BIM 的认知与应用。

台湾地区从两个方向推动 BIM 的发展。首先，对于建筑产业界，政府希望其自行引进 BIM 应用。对于新建的公共建筑和公有建筑，其拥有者为政府单位，工程发包监督均受政府管辖，要求在设计阶段与施工阶段都使用 BIM 完成。其次，一些城市也在积极学习国外的 BIM 模式，为 BIM 发展打下基础。另外，政府也举办了一些关于 BIM 的座谈会和研讨会，共同推动 BIM 的发展。

3. 中国大陆

近年来，应用 BIM 在国内建筑业形成一股热潮，除了前期软件厂商的大声呼吁外，政府相关单位、各行业协会与专家、设计单位、施工企业、科研院校等也开始重视并推广 BIM。2010 年与 2011 年，中国房地产协会商业地产专业委员会、中国建筑业协会工程建设质量管理分会、中国建筑学会工程管理研究分会、中国土木工程学会计算机应用分会组织并发布了《中国商业地产 BIM 应用研究报告 2010》和《中国工程建设 BIM 应用研究报告 2011》，一定程度上反映了 BIM 在我国工程建设行业的发展现状。关于 BIM 的知晓程度从 2010 年的 60% 提升至 2011 年的 87%。2011 年，共有 39% 的单位已经使用 BIM 相关软件，其中以设计单位居多。

2011 年 5 月，住建部在发布的《2011～2015 年建筑业信息化发展纲要》中明确指出：在施工阶段开展 BIM 技术的研究与应用，推进 BIM 技术从设计阶段向施工阶段的应用延伸，降低信息传递过程中的衰减；研究基于 BIM 技术的 4D 项目管理信息系统在大型复杂工程施工过程的应用，实现对建筑工程有效的可视化管理等。这拉开了 BIM 在中国应用的序幕。

2012 年 1 月，住建部《关于印发 2012 年工程建设标准规范制订修订计划的通知》宣告了中国 BIM 标准制定工作的正式启动，其中包含五项 BIM 相关标准：《建筑工程信息模型应用统一标准》《建筑工程信息模型存储标准》《建筑工程设计信息模型交付标准》《建筑工程设计信息模型分类和编码标准》《制造工业工程设计信息模型应用标准》。其中《建筑工程信息模型应用统一标准》的编制采取"千人千标准"的模式，邀请行业内相关软件厂商、设计院、施工单位、科研院所等近百家单位参与项目、课题、子课题的研究。

2013 年 8 月，住建部发布《关于征求关于推荐 BIM 技术在建筑领域应用的指导意见(征求意见稿)意见的函》，征求意见稿中明确要求，2016 年以前政府投资的 2 万平方米以上大型公共建筑以及省报绿色建筑项目的设计、施工采用 BIM 技术；截至 2020 年，将完善 BIM 技术应用标准、实施指南，形成 BIM 技术应用标准和政策体系。

2014 年度，各地方政府关于 BIM 的讨论与关注更加活跃，上海、北京、广东、山东、陕西等各地区相继出台了各类具体政策，推动和指导 BIM 的应用与发展。

2015 年 6 月，住建部《关于推进建筑信息模型应用的指导意见》中，明确发展目标：到 2020 年年末，建筑行业甲级勘察、设计单位以及特级、一级房屋建筑工程施工企业应掌握并实现 BIM 与企业管理系统和其他信息技术的一体化集成应用。

我国的 BIM 应用虽然起步较晚，但发展迅速，许多企业有着非常强烈的 BIM 意识，出现了一批应用 BIM 的标杆项目；同时，BIM 的发展也逐渐得到了政府的大力推动。BIM 各阶段应用流程图如图 2-4 所示。

BIM 在不同阶段的作用与价值.mp3

图 2-4　BIM 各阶段应用流程图

【案例 2-2】BIM 技术最早从 2002 年引入工程建设行业，进入国内可以追溯到 2004 年。当时，国内关于 BIM 技术的丛书才刚刚开始上市。之后，随着我国"十五"科技攻关计划及"十一五"科技支撑计划的开展，BIM 技术开始应用于部分示范工程。自 2006 年奥运场馆项目试用 BIM 开始，BIM 开始引起国内设计行业的重视。特别是 2009 年以来，BIM 在设计企业中得到广泛应用。"十二五"开局之年，住房城乡建设部发布了《2011～2015 年建筑业信息化发展纲要》，将"加快建筑信息模型(BIM)、基于网络的协同工作等新技术在工程中的应用"列入总体目标，确立了大力发展 BIM 技术的基调。

试结合上文分析 BIM 在国内的发展前景。

2.2.4　BIM 的未来展望

BIM 技术在未来的发展必须结合先进的通信技术和计算机技术才能够大大提高建筑工程行业的效率。

1．移动终端的应用

随着互联网和移动智能终端的普及，人们现在可以在任何地点和任何时间获取信息。在建筑设计领域将会看到更多承包商为工作人员配备移动设备，在工作现场即可进行设计工作。

2．无线传感器网络的普及

现在可以把监控器和传感器放置在建筑物的任何一个地方，针对建筑内的温度、空气质量、湿度进行监测。再加上供热信息、通风信息、供水信息和其他控制信息，这些信息通过无线传感器网络汇总后，提供给工程师就可以对建筑的现状有全面充分的了解，从而为设计方案和施工方案提供有效的决策依据。

3．云计算技术的应用

不管是能耗，还是结构分析，针对一些信息的处理和分析都需要利用云计算强大的计算能力。甚至，我们渲染和分析过程可以得到实时的计算结果，帮助设计师尽快地在不同的设计和解决方案之间进行比较。

4．数字化现实捕捉

该技术通过对桥梁、道路、铁路等进行扫描，以获得早期数据。未来设计师可以在一个 3D 空间中使用这种沉浸式、交互式的方式工作，直观地展示产品。

5．协作式项目交付

BIM 是一个工作流程，是基于改变设计方式的一种技术，改变了整个项目执行施工的方法，是一个设计师、承包商和业主之间合作的过程。

BIM 为建筑行业带来了很多便利，但在实际应用过程中也存在着很多问题，主要有以下几个方面。

1）　缺乏复合型的 BIM 人才

从事 BIM 方面的人员除了要深入了解理论知识，掌握核心的 BIM 软件并熟练操作外，还必须有足够的工程建设经验，只有这样才能在设计过程中结合企业项目的实际情况制定科学合理的 BIM 应用方案来满足客户的需求。然而，目前我国建筑业中这种复合型的高素质人才十分欠缺。

2) BIM 技术应用规模受限

目前很多规模不大的设计施工单位仍然采用传统的手绘图纸和 2D CAD，再加上科技水平落后，管理模式陈旧，使得 BIM 技术很难得到推广。

3) BIM 应用软件相对匮乏且缺少保护

目前，用于设计及施工阶段的 BIM 建模软件已经十分丰富，但是在成本控制、施工管理、性能分析等方面的软件还相对较少。同时，国内还没有形成完善的 BIM 知识产权条例，BIM 的软件侵权和盗版现象十分普遍。

4) BIM 数据标准缺乏

虽然国际组织推行了 IFC 数据标准，但由于我国对其研究较少，不能将之与国内建筑工程实际情况很好地结合，阻碍了 IFC 数据标准在我国建筑领域的应用和推广，目前数据孤岛和数据交换困难的现象还大量存在。

BIM 的出现及 BIM 应用的日渐广泛，有其强大的市场驱动力，是建筑信息化发展的必然要求，同时 BIM 也肩负着行业赋予它的一系列使命。

2.3　BIM 的特性

2.3.1　可视化

BIM 的特性.mp3

可视化即"所见所得"的形式。对于建筑行业来说，可视化在建筑业的作用很重要，例如，施工图纸上的各个构件信息采用线条绘制的方式表达，其真正的构造形式就需要工作人员自行想象。所以 BIM 提出了可视化思路，线条式的构件以三维立体实物图形展示在人们面前；建筑业效果图用线条式信息制作出来，不是通过构件的信息自动生成的，缺少同构件之间的互动性和反馈性，而 BIM 能够在构件之间形成互动性和反馈性的可视。在 BIM 建筑信息模型中，由于整个过程都是可视化的，所以可视化的结果不仅可以用于效果图的展示及报表的生成，更重要的是，项目设计、建造、运营过程中的沟通、讨论、决策都可在可视化状态下进行。

2.3.2　协调性

协调性是建筑业中的重点内容，不管是施工单位、业主还是设计单位，均需要相互协

调及配合。一旦项目在实施过程中遇到问题，就要将各有关人士组织起来找出施工问题发生的原因及解决办法，并做出相应的补救措施。然而协调工作只能在出现问题后再进行吗？在设计时，由于各专业设计师的沟通不到位，出现各种专业之间的碰撞问题，例如暖通等专业中的管道在进行布置时，由于施工图纸是由各自绘制的，可能正好在此处有结构设计的梁等构件妨碍着管线的布置，这种就是施工中常遇到的碰撞问题。像这样的碰撞问题的协调解决只能在问题出现之后再进行吗？BIM 的协调性服务就可以帮助处理这种问题，也就是说 BIM 建筑信息模型可在建筑物建造前期对各专业的碰撞问题进行协调，生成协调数据。另外 BIM 的协调作用不只能解决各专业间的碰撞问题，还可以解决：电梯井布置与其他设计布置及净空要求的协调，防火分区与其他设计布置之协调，地下排水布置与其他设计布置之协调等。

2.3.3 模拟性

在设计阶段，BIM 可以对设计上需要进行模拟的一些东西进行模拟实验，例如节能模拟、紧急疏散模拟、日照模拟、热能传导模拟等；在招投标和施工阶段，可以进行 4D 模拟(三维模型加项目的发展时间)，也就是根据施工的组织设计模拟实际施工，从而确定合理的施工方案；同时还可以进行 5D 模拟(基于 3D 模型的造价控制)，以实现成本控制；后期运营阶段可以模拟日常紧急情况的处理方式，例如地震人员逃生模拟及消防人员疏散模拟等。

2.3.4 优化性

整个设计、施工、运营的过程就是一个不断优化的过程，优化受三个因素制约：信息、复杂程度和时间。没有准确的信息做不出合理的优化结果，BIM 模型提供了建筑物的实际存在的信息，包括几何信息、物理信息、规则信息，还提供了建筑物变化以后的实际存在。现代建筑物的复杂程度超过了参与人员本身的能力，BIM 及与其配套的各种优化工具提供了对复杂项目进行优化的可能。基于 BIM 的优化可以做以下工作。

1. 项目方案优化

把项目设计和投资回报分析结合起来，这样业主对设计方案的选择就不会只停留在对形状的评价上，而是可以知道哪种方案更有利于自身需求。

2. 特殊项目的设计优化

裙楼、幕墙、屋顶、大空间等到处可以看到异型设计，看起来占整个建筑物的比例不大，但是占投资和工作量的比例却往往要大得多，通常也是施工难度比较大和施工问题比较多的地方，对这些内容的设计施工方案进行优化，可以提升工作效率。

2.3.5 可出图性

BIM 通过对建筑物进行可视化展示、协调、模拟、优化，可以出以下图纸。

(1) 综合管线图(经过碰撞检查和设计修改，消除了相应错误以后)；

(2) 综合结构留洞图(预埋套管图)；

(3) 碰撞检查侦错报告和建议改进方案。

2.4 BIM 与信息模型

2.4.1 BIM 信息的特征

建筑信息模型(BIM)是建筑领域继 CAD 后的变革性技术。BIM 技术是以建筑工程项目的各项相关信息数据作为模型的基础，并建立建筑模型，通过数字信息仿真来模拟建筑物所具有的真实信息。BIM 技术将项目的各种信息运用在参数模型中，在项目策划、设计、建设、运行和维护的全生命周期中进行共享和传递。BIM 信息的基本特征表现在以下三个方面。

1. BIM 数据库信息时效性

BIM 将建筑物的信息参数形成三维模型，当工程项目信息发生变化时，只需要在 BIM 模型中调整相应信息，整个数据库就会自动更新，随着项目的生命周期不断变化。

BIM 数据库包含了建筑物的工程量和建材的市场价格，以及项目设计变更前后的信息，造价管理人员可以通过 BIM 数据库快速准确地找到需要的数据，提高工作效率和工作质量以及造价管理水平。

2. 工程算量的精确性

基于参数化模型的 BIM 技术依据空间拓扑关系和 3D 运算法则，工程造价人员只需要

在 BIM 软件中相应调整计算规则，系统就会自动、精确、快速地完成构件运算，统计出工程量信息。造价人员不需要对工程量进行复杂的重复计算，不仅节约了工作时间，而且提高了工程算量的精确度。

3. BIM 数据库的共享和管理

工程造价的资料对工程项目建设管理至关重要，利用 BIM 参数化的模型可以通过数据库对这些资料信息进行汇总和保存，让项目参与各方进行共享和交流。大量工程项目造价信息形成的 BIM 数据库，能够让企业在造价管理过程中拥有参考标准，利用历史数据快速拟建项目的 BIM 模型。

2.4.2 BIM 项目全生命周期信息

建筑项目的全生命周期可以划分为 6 个阶段：规划阶段、设计阶段、施工阶段、项目交付和试运行阶段、运营和维护阶段、处置阶段。每个阶段都有相应的信息使用要求。

BIM 全生命周期
信息.pdf

1. 规划阶段

规划和计划是由物业的最终用户发起的，这个最终用户未必是业主。规划阶段需要的信息是指最终用户根据自身业务发展需要对现有设施的条件、容量、效率、运营成本和地理位置等要件进行评估，以决定是否购买新的物业或者改造已有物业。这个分析既包括财务方面的，也包括物业实际状态方面的。

如果决定启动一个建设或者改造一个项目，下一步就是细化目标用户对物业的需求，这也是开始聘请专业咨询公司(建筑师、工程师等)的阶段，这个过程结束以后，设计阶段就开始了。

2. 设计阶段

设计阶段的任务是解决"做什么"的问题。设计阶段是把规划阶段的需求转化为对这个建筑物的物理描述，这是一个复杂而关键的阶段，在这个阶段做决策的人以及产生信息的质量会对物业的最终效果产生较大的影响。

设计阶段创建的大量信息虽然相对简单，却是物业生命周期所有后续阶段的基础。会有相当数量、不同专业的人士在这个阶段介入设计过程，包括建筑师、岩土工程师、结构

工程师、机电工程师、给排水工程师、预算造价师等，这些专业人士分属于不同机构，因此他们之间的实时信息共享非常关键。

传统情形下，影响设计的主要因素包括建筑规划、建筑材料、建筑产品和建筑法规等，其中建筑法规包括土地使用、环境、设计规范、试验等。

近年来，施工阶段的可建性和施工顺序问题，制造业的车间加工和现场安装方法，以及精益施工体系中的"零库存"设计方法被越来越多地引入设计阶段。

设计阶段的主要成果是施工图，典型的设计阶段通常在进行施工承包商招标的时候结束，但是对于 DB/EPC/IPD 等项目实施模式来说，设计和施工是两个连续的阶段。

3．施工阶段

施工阶段的任务是解决"怎么做"的问题，是把对建筑物的物理描述变成现实的阶段。施工阶段的基本信息实际上就是设计阶段创建的描述将要建造的那个建筑物的信息，传统上通过图纸进行传递。施工承包商在此基础上增加产品来源、深化设计、加工过程、安装过程、施工排序和施工计划等信息。

设计图纸的完整和准确是施工能够按时、按质完成的基本保证。

大量研究和实践表明，富含信息的三维数字模型可以保证工程图纸质量的完整性和协调性。

4．项目交付和试运行阶段

当项目竣工，用户开始入住或使用该建筑物时，交付就开始了，这是由施工向运背转换的一个相对短暂的时间，但是通常这也是从设计和施工团队获取设施信息的最后机会。正是由于这个原因，从施工到交付和试运行的转换点被认为是项目生命周期最关键的节点。

1）项目交付

在项目交付阶段，将交接必要的文档、进行培训、支付保留款、完成工程结算。在传统的项目交付过程中，信息集中于项目竣工文档、实际项目成本、实际工期和计划工期的比较、备用部件、维护产品、设备和系统培训操作手册等，这些信息主要由施工团队以纸质文档形式进行递交。交付活动如下。

(1) 建筑和产品系统启动；

(2) 发放入住授权，建筑物开始使用；

(3) 业主给承包商准备竣工查核事项表；

(4) 运营和维护培训完成；

(5) 竣工计划提交；

(6) 保用和保修条款开始生效；

(7) 最终验收检查完成；

(8) 最后的支付完成；

(9) 最终成本报告和竣工时间表生成。

虽然每个项目都要进行交付，但并不是每个项目都需要进行试运行。

2)　项目试运行

试运行是一个系统化过程，这个过程确保所有的系统和部件都能按照明细和最终用户要求，以及业主运营需要完成其相应功能。随着建筑系统越来越复杂，承包商越来越专业化，传统的验收方式已经被淘汰。根据美国建筑科学研究院的研究，一个经过试运行的建筑的运营成本要比没有经过试运行的少 8%～20%。比较而言，试运行的一次性投资是建造成本的 0.5%～1.5%。

5. 运营和维护阶段

虽然设计、施工和试运行等活动是在数年之内完成的，但是项目的生命周期可能会延伸到几十年甚至几百年，因此运营和维护是最长的阶段，当然也是成本最大的阶段。运营和维护阶段是从结构化信息递交中获益最多的项目阶段。

计算机维护管理系统和企业资产管理系统是两类分别从物理和财务角度进行设施运营和维护信息管理的软件产品。目前情况下，自动从交付和试运行阶段为上述两类系统获取信息的能力还相当差，信息的获取主要依靠高成本、易出错的人工干预。

运营和维护阶段的信息需求包括设施的法律，财务和物理信息等各个方面，信息的使用者包括业主运营商(包括设施经理和物业经理)、住户、供应商和其他服务提供商等。

(1) 物理信息。完全来源于交付和试运行阶段设备和系统的操作参数，质量保证书，检查和维护计划，维护和清洁用的产品、工具、备件。

(2) 法律信息。包括出租、区划和建筑编号、安全和环境法规等。

(3) 财务信息。包括出租和运营收入、折旧计划，运维成本等。

运维阶段产生的信息可以用来改善设施性能，以及支持设施扩建或清理的决策。运维阶段产生的信息包括运行水平、入住程度、服务请求、维护计划、检验报告、工作清单、设备故障时间、运营成本、维护成本等。

另外，还有一些在运营和维护阶段对建筑物造成影响的项目，例如，住户增建、扩建、改建、系统或设备更新等，每一个这样的项目都有自己的生命周期、信息需求和信息源，

实施这些项目最大的挑战就是根据项目变化来更新整个设施的信息库。

6. 处置阶段

建筑物的处置有资产转让和拆除两种方式。

资产转让(出售)的关键信息包括财务和物理性能数据：设施容量、出租率、土地价值、建筑系统和设备的剩余寿命、环境整治需求等。

拆除需要的信息包括拆除的材料数量和种类、环境整治需求、设备和材料的废品价值、拆除结构所需要的能量等，其中有些信息需求可以追溯到设计阶段的计算和分析。

2.4.3 信息的传递与作用方式

BIM 是一个富含项目信息的三维或多维建筑模型，在项目的全生命周期内使用 BIM 被认为是解决目前建筑业信息互用效率低下的有效途径。美国标准和技术研究院在"信息互用问题给固定资产行业带来的额外成本增加"的研究中对信息互用定义如下：协同企业之间或者一个企业内设计、施工、维护和业务流程系统之间，管理和沟通电子版本的产品和项目数据的能力称为信息互用。下面分别从软件用户和软件本身两个角度来介绍 BIM 信息的传递和作用方式。

1. 从软件用户角度看

不管是企业之间还是企业内不同系统之间，信息互用归根结底都是不同软件之间的信息互用。不同软件之间的信息互用实现的语言、工具、格式、手段等不尽相同，但是站在软件用户的角度去分析，其基本方式只有双向直接互用、单向直接互用、中间翻译互用和间接互用四种。

1) 双向直接互用

双向直接互用即两个软件之间的信息可相互转换及应用。这种信息互用方式效率高、可靠性强，但是实现起来也受到技术条件和水平的限制。

BIM 建模软件和结构分析软件之间信息互用是双向直接互用的典型案例。在建模软件中，可以把结构的几何、物理、荷载信息都建立起来，然后把所有信息都转换到结构分析软件中进行分析，结构分析软件会根据计算结果对构件尺寸或材料进行调整，以满足结构安全需要，最后把经过调整修改后的数据转换回原来的模型中，合并以后形成更新的 BIM 模型。

实际工作中，在条件允许的情况下，应尽可能选择双向信息互用方式。

2) 单向直接互用

单向直接互用即数据可以从一个软件输出到另外一个软件，但是不能转换回来。典型的例子是 BIM 建模软件和可视化软件之间的信息互用，可视化软件利用 BIM 模型的信息做好效果图以后，不会把数据返回到原来的 BIM 模型中去。

单向直接互用的数据可靠性强，但只能实现一个方向的数据转换，这也是实际工作中建议优先选择的信息互用方式。

3) 中间翻译互用

中间翻译互用即两个软件之间的信息互用需要依靠一个双方都能识别的中间文件来实现。这种信息互用方式容易引起信息丢失、改变等问题，因此在使用转换后的信息以前，需要对信息进行校验。

例如，DWG 是目前最常用的一种中间文件格式，典型的中间翻译互用方式是设计软件和工程算量软件之间的信息互用，算量软件利用设计软件产生的 DWG 文件中的几何和属性信息，进行算量模型的建立和工程量统计。

4) 间接互用

间接互用即通过人工方式把信息从一个软件转换到另外一个软件，有时需要人工重新输入数据，或者需要重建几何形状。

根据碰撞检查结果对 BIM 模型的修改是一个典型的信息间接互用方式，目前大部分碰撞检查软件只能把有关碰撞的问题检查出来，而解决这些问题需要专业人员根据碰撞检查报告在 BIM 建模软件里面进行人工调整，然后输出到碰撞检查软件里重新检查，直到问题被解决。

2. 从软件本身角度看

在实际工程项目中，用户经常碰到所用软件提供的信息互用功能无法满足需求，出现信息互用精确性不足、功能不齐全等情况。同时，也有很多建筑企业希望能够为客户提供更加强大的、具有自身特色的 BIM 信息互用解决方案。这时就需要从软件本身(或者说是软件开发者)的角度理解 BIM 信息互用方式。从本质上说，两个建筑行业软件之间的数据交换可以采用下列四种方式之一。

1) 直接交换方式

直接交换方式中，一个软件集成了与另一个软件的信息互换模块，可直接读取或输出另一个软件的专用格式文件。这种信息互换方式是在软件运行状态卜，数据交换可以是单向或是双向的。目前的 BIM 软件大都包含了自身的应用程序接口，使第三方开发人员可以将应用程序与这些 BIM 软件集成，并且允许用户访问软件内部的数据库、创建内部对象、增加新的命令等。例如，Revit Architecture 和 Revit Structure 的 Revit API、ArchiCAD 的 GDL 语言和 Micro Station 的 MDL 语言等，它们都是基于 C 语言、C++等编程语言开发的。

直接互换是软件最常使用的信息互用方式，其优点是软件商可以保证这种信息互用的高效性和准确性。但缺点也十分明显，当相互之间需要进行信息互换的软件达到一定数量时，这种方式的信息互换成本会成几何级数增长。只要有一个软件的数据模型改变了(版本等级等原因)，所有软件与该软件的接口都必须进行更新。

2) 采用专用中间文件格式

专用中间文件格式是一个由软件厂商研制并公开发行的，用于其他厂商软件与该厂商软件之间的专用数据交换格式。与前述直接互换方式在软件后台直接进行数据交换不同，采用专用中间文件格式的信息互换需要先将信息转存为一个可读的文档格式。在建筑行业领域中，一个最典型的专用中间文件格式就是 Autodesk 公司开发的 DXF 格式。其他的专用中间文件格式还有 ICES 格式、SAT 格式、3DS 格式等。

专用中间文件格式开发厂商的产品用户数量决定了这些专用中间文件格式被使用的广泛程度。这些市场占有率较高的软件商开发的专用中间文件格式成为行业中的"事实标准格式"而被广泛采用。但是，由于这些文件格式都是按照某个厂商的特殊需求而被开发出来的，因此它们在功能上不具完整性。通常，专用中间文件格式只能传递建筑的几何信息。

3) 采用公共产品数据模型格式

由于专用中间文件格式有其局限性，容易造成行业垄断，从业人员希望能出现一个公共的、开放的、国际性的中间文件格式来解决建筑业的信息互换难题。这种需求伴随着 BIM 的高速发展，出现了以 IFC(Industry Foundaion Classes，工业基础类)和 CIS/2(CIMsteel Integration Standards Release 2)为代表的公共产品数据模型格式。这些数据格式具有公共性、开放性和国际性的特点。

公共产品数据模型格式基于三维对象的数据表达格式，对 BIM 技术的应用尤为重要，该格式既可以描述建筑构件对象的三维几何形状，也可以描述这些构件的属性，并有效地将构件属性和构件几何信息联系起来。

IFC 是目前最受建筑行业认可的国际性公共产品数据模型格式标准。

4) 采用基于 XML 的交换格式

另一种软件信息互用格式是采用基于 XML(eXtensible Markup Language，可扩展际记性语言)的交换格式。XML 是网络环境中跨平台的、依赖于内容的技术，是当前处理结构化文

档信息的有力工具。使用 XML，用户可自定义需要交换的数据结构，这些结构的集合体组成了一个 XML 的 Schema，不同的 XML Schema 可以实现不同软件之间的数据交换。

基于 XML Schema 信息互用方式在进行少量的或特定的数据交换时优势十分明显。因此，在一些小的项目或者特定的项目中需要数据交换时，只需要定义这些例如需要的 XML Schema，就可以实现软件之间的数据交换。

2.4.4 模型构件属性

与传统模式相比，3D-BIM 的优势明显，因为建筑模型的数据在建筑信息模型中的存在是以多种数字技术为依托的，从而以这个数字信息模型作为各个建筑项目的基础，进行各相关工作。建筑工程以及与之相关的工作都可以从这个建筑信息模型中拿到各自需要的信息，既可指导相应工作，又能将相应工作的信息反馈到模型中。

建筑信息模型不是简单的将数字信息进行集成，它是一种数字信息的应用，可用于设计、建造、管理，这种方法支持建筑工程的集成管理环境，可以使建筑工程在其整个进程中显著提高效率、大量减少风险。

同时 BIM 可以四维模拟真实施工，以便于在早期设计阶段就发现后期施工阶段所出现的各种问题，为后期活动打下坚实的基础。在后期施工时能作为施工的实际指导，也能作为可行性指导，以提供合理的施工方案及人员，合理配置材料，从而最大限度实现资源的合理运用。

2.5 BIM 的作用与价值

2.5.1 BIM 在勘查设计阶段的作用与价值

1. 质量高

基于 BIM 技术的设计软件，采用二维与三维一体化设计技术，所见即所得，使设计中的错误很容易被设计师发现并予以纠正，交付成果质量高。

2. 效率高

基于 BIM 技术的设计软件，二维与三维可同步设计，在完成一遍三维模型的同时，施

工图可通过算法自动生成二维视图，无须多次绘制。设计过程中的一模多用的计算协同可显著提高设计工作效率。

3. 易协调

三维设计使设计过程中的专业分工与合作变得简单，沟通起来比较容易。

2.5.2　BIM 在施工阶段的作用与价值

1. 节约时间

对照 BIM 模型进行施工，避免了在施工过程中因图纸问题而停工、窝工所造成的时间损失。三维可视化功能再加上时间维度，可以进行虚报施工，直观快速地将施工计划与实际进展进行对比，进行有效协同，使施工方、监理方，甚至非工程行业出身的业主领导都对工程项目的各种问题和情况了如指掌。

2. 减少浪费

利用提前深化和优化后的 BIM 模型，可以采用最佳施工技术方案，减少不必要的返工和材料浪费。

3. 易于沟通

对照 BIM 模型与实际施工成果，易于与业主、监理、造价咨询单位达成一致意见，便于监督工程量和进行成本计算，以及及时进行计量支付。BIM 最直观的特点是三维可视化，利用 BIM 的三维技术在前期可以进行碰撞检查，优化工程设计，减少在建筑施工阶段可能存在的错误损失和返工的可能性，而且和优化净空管线排布方案。

【案例 2-3】 建筑信息模型能通过查询提供各种信息，协助决策者做出精确判断，对比于传统绘图方式，在设计初期就能大量地减少各种错误，以及防范后续承接厂商所犯的错误。计算机系统能利用冲突检测功能，以图形表达的方式通知查询人员关于各类构件在空间中彼此冲突或干涉情形的详细信息。计算机和软件具有更强大的建筑信息处理能力，相比目前的设计和施工建造流程，这样的方法在一些已知的应用中，已经给工程项目带来正面的影响和帮助。对工程的各参与方来说，减少错误与降低成本至关重要。BIM 软件在近年来流行的建筑项目交付模式——整合项目交付(IPD)中得到广泛应用。BIM 把项目交付的所有环节——建筑设计、土木工程设计、结构设计、机械设计、建造、价格预估、日程安

排及工程生命周期管理等加以联合并互相合作。

试结合上文分析 BIM 在整个工程施工阶段的价值与作用。

2.5.3 BIM 在运营维护阶段的作用与价值

1. 信息准确性

BIM 参数模型可以为业主提供建设项目中所有系统的信息，在施工阶段作出的修改将全部同步更新到 BIM 参数模型中，形成最终的 BIM 竣工模型，该竣工模型作为各种设备管理的数据库，为系统的运营维护提供依据。此外，BIM 可同步提供有关建筑使用情况或性能、入住人员与容量、建筑已用时间以及建筑财务方面的信息。同时，BIM 可提供数字更新记录，并改善搬迁规划与管理。BIM 还促进了标准建筑模型对商业场地条件(例如零售业场地，这些场地需要在许多不同地点建造相似的建筑)的适应。有关建筑的物理信息(例如完工情况、承租人或部门分配、家具和设备库存)和关于可出租面积、租赁收入或部门成本分配的重要财务数据都更加易于管理和使用。稳定访问这些类型的信息可以提高建筑运营过程中的收益与成本管理水平。

2. 信息共享性

在工程设计中创建的数字化模型数据库的核心部分主要是实体和构件的基本数据，很少涉及技术、经济、管理及其他方面。随着信息化技术在建筑行业的深入和发展，将会有越来越多的软件如概预算软件、进度计划软件、采购软件、工程管理软件等利用信息模型中的基础数据，在各自的工作环节中生成相应的工程数据，并将这些数据整合到最初的模型中，对工程信息模型进行补充和完善。在项目实施的整个过程中，自始至终只有唯一的工程信息模型，且包含完整的工程数据信息。通过这个唯一的工程信息模型，可以提高运维阶段工程的使用性能和继续积累抵御各种自然灾害的数据信息，实现真正的工程全生命期内的管理和成本控制。另外，在建筑智能物业管理方面，综合运用信息技术、网络技术和自动化技术，建立基于 BIM 标准的建筑物业管理信息模型，可以实现物业管理阶段与设计阶段、施工阶段的信息交换与共享。通过建立的楼宇自动化系统集成平台，可对建筑设备进行监控和集成管理，实现具有集成性、交互性和动态性的智能化物业管理。

2.5.4 BIM 技术给工程建设带来的变化

工程项目从立项开始，历经规划、设计、施工、竣工验收到交付使用，是一个漫长的过程。在这个过程中，不确定性因素有很多。在项目建造初期，设计与施工等领域的从业人员面临的主要问题有两个：一是信息共享，二是协同工作。工程设计、施工与运行维护中，信息交换不及时、不准确的问题会导致大量的人力和物力浪费。2007 年美国的麦克格劳·希尔公司(McGraw Hill，2015 年已更名为 Dodge Data & Analytics)发布了一个关于工程行业信息互用问题的研究报告，据该报告的统计资料显示，数据互用性不足会使工程项目平均成本增加 3.1%。具体表现为：由于各专业软件厂家之间缺乏共同的数据标准，无法有效地进行工程信息共享，一些软件无法得到上游数据，使得信息脱节、重复工作量巨大。

BIM 的主要作用是使工程项目数据信息在规划、设计、施工和运营维护全过程中充分共享和进行无损传递，为各参与方的协同工作提供坚实基础，并为建筑物从概念到拆除的全生命期中各参与方的决策提供可靠依据。在工程全生命期过程中，BIM 方法在过程、信息流、软件应用几个方面与传统方法的对比分析见表 2-2，分析角度包括项目团队组织、信息共享、设计和建造质量、决策支持、团队协作。BIM 所包含的价值如图 2-5 所示。

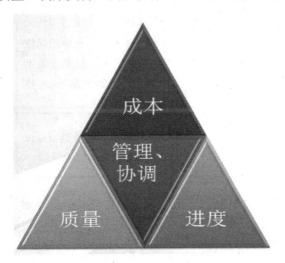

图 2-5 BIM 所包含的价值

表 2-2　BIM 方法与传统方法对比

	传统方法	BIM 方法	备　注
项目团队组织	有详细设计后，施工项目经理和技术咨询才参与到项目中来，也就是先设计后施工	在概念设计阶段，业主就将相关方引入项目组织，能够全面、快速地跟踪工程进展	BIM 方法支持尽早地跨专业的协作以及经验交流
信息共享	以纸张(图纸、报表、技术说明等)和没有协作能力的电子文件为主，传递方式为邮递、传真	基于 IFC 标准的产品建模方法，拥有一个核心项目数据库	BIM 方法使数据重新录入概率最小化，提高数据的准确性和质量。随着模型质量和正确性的提高，使项目组能够在早期进行更多的方案比选以及帮助引入全生命期分析方法，从而得出最佳方案
设计和建造质量	根据标准规范的要求、个人经验进行设计，尽管有计算机辅助，但也有大量的手工劳动，在设计过程中，存在大量简单的重复性劳动	动态的工程分析和大量的仿真软件。能够自动产生工程文档	BIM 方法能够提高设计的精确性，将项目组从琐碎的工作(例如工程制图)中解脱出来，投入到更有价值的工作(例如详细设计)中
决策支持	项目组通过经验、图纸、反复演算，得到决策依据	在 BIM 方法中，决策依据更加丰富，这包括虚拟现实环境、全生命期的性能参数、多角度的动画支持等	BIM 方法使用项目组在项目早期能够开发多种方案进行比较。为决策者提供更有价值的全生命期性能参数
团队协作	以桌面会议的形式，用静态的图纸进行协作	以动态的产品模型和可视化效果作为会议的资料	BIM 方法能够加速设计协同，快速地制定出解决方案

BIM 对于促进工程项目早期信息共享具有重要意义。建筑设计在项目初期过程中所生成的信息存储到建筑信息模型中，有助于及时发现可能存在的问题，并在设计阶段进行解决，有利于后期的概预算、施工计划、能耗分析等共享。

BIM 为一项工程的实施所带来的价值优势是巨大的，表现为以下几点。

(1) 缩短项目工期。利用 BIM 技术，可以通过加强团队合作、改善传统的项目管理模式，实现场外预制、缩短订货至交货时间。

(2) 更加可靠与准确的项目预算。基于 BIM 模型的工料计算相比于 2D 图纸的预算更加准确且节省了大量时间。

(3) 提高生产效率、节约成本。由于利用 BIM 技术可大大加强各参与方的协作与信息交流的有效性，使决策可以在短时间内做出，减少了复工与返工的次数，且便于新型生产方式的兴起，例如场外预制、BIM 参数模型作为施工文件等，显著地提高了生产效率、节约了成本。

(4) 高性能的项目结果。BIM 技术所输出的可视化效果可以为业主校核是否满足要求提供平台，且利用 BIM 技术可实现耗能与可持续发展设计与分析，为提高建筑物、构筑物等性能提供了技术手段。

(5) 有助于项目的创新性与先进性。BIM 技术可以实现对传统项目管理模式的优化，例如，在集成化项目交付 IPD 模式下，各参与方群策群力的模式有利于吸取先进技术与经验，实现项目的创新性与先进性。

(6) 方便设备管理与维护。利用 BIM 竣工模型作为设备管理与维护的数据库。

BIM 在中国建筑业要顺利发展，必须将 BIM 和国内的行业特色相结合。引入 BIM 将给国内建筑业带来一次巨大的变革，积极推动行业的可持续发展，社会效益巨大，其主要作用如下。

① 有助于改变传统的设计生产方式。通过 BIM 信息交换和共享，改变基于 2D 的专业设计协作方式，改变依靠抽象的符号和文字表达来进行项目建设的管理方式。

② 促进建筑业管理模式的改变 BIM 支持设计与施工一体化，有效避免工程项目建设过程中"错、缺、漏、碰"现象的发生，从而减少工程全生命期内的浪费，带来巨大的经济效益和社会效益。

③ 实现可持续发展目标。BIM 支持对建筑安全、舒适、经济、美观，以及节能、节水、节地、节材、环境保护等多方面的分析和模拟，特别是通过信息共享可将设计模型信息传递给施工管理方，减少重复劳动，提高信息共享水平。

④ 促进全行业竞争力的提升。一般工程项目都有数十个参与方，大型项目的参与方可以达到上百个甚至更多，提升竞争力的一个技术关键是提高各参与方之间的信息共享水平。因此，充分利用 BIM 信息交换和共享技术，可以提高工程设计效率和质量，减少资源消耗和浪费，从而达到同期制造业的生产力水平。

由上述内容，可以大体了解 BIM 的相关内容。BIM 在世界很多国家已经有比较成熟的标准或者制度。BIM 在中国建筑市场内要顺利发展，必须将 BIM 和国内的建筑市场特色相结合，才能够满足国内建筑市场的特色需求。

 本章小结

　　本章介绍了 BIM 的相关内容以及作用价值，BIM 的应用推动着整个建筑行业的发展，其带来的优势显而易见。但同时也给我们带来了发展中的问题，需要各方的协同努力，以此来建立更加完善的 BIM 系统。

 实训练习

一、单选题

1. 我们所说的"建筑信息模型"指的是(　　)。

　　A. BIN　　　　　B. BIM　　　　　C. DIN　　　　　D. DIM

2. (　　)不是 BIM 的特点。

　　A. 可视化　　　B. 模拟性　　　C. 保温性　　　D. 协调性

3. 下列技术属于 BIM 的是(　　)。

　　A. GIS　　　　　　　　　　　　B. 二维码

　　C. 4D 进度管理系统　　　　　　D. 三维激光扫描成像

4. BIM 是建筑行业的第(　　)次革命

　　A. 1　　　　　　B. 2　　　　　　C. 3　　　　　　D. 4

5. 阻碍我国 BIM 发展的原因是(　　)。

　　A. 推行不够，缺乏政策引导　　　B. BIM 本身不够成熟

　　C. 业界水平差距较大　　　　　　D. 本土化较轻，功能欠缺

二、多选题

1. 利用 BIM 进行综合管理的目的有(　　)。

　　A. 更好实现项目的预期功能　　　B. 减少项目中的错误

　　C. 防止工作中不可控事件　　　　D. 更精确的实现成本控制

　　E. 做性能更好的项目

2. 下面说法错误的有(　　)。

　　A. BIM 技术主要是三维建模，只要能够看到三维模型就已经完成了 BIM 的深化

设计

B. BIM 技术不仅是三维模型，还应包含相关信息

C. 使用 BIM 技术进行深化设计，建筑、结构、机电所有专业只能用同一个软件搭建模型

D. 使用 BIM 技术进行深化设计，建筑、结构、机电各专业可以用不同的软件搭建模型

E. 不管是企业之间还是企业内不同系统之间的信息互用，归根结底都是不同软件之间的信息互用

3. BIM 在项目哪些阶段的成本控制中发挥作用？（　　）

 A. 验收阶段   B. 项目决策   C. 设计阶段

 D. 施工阶段   E. 竣工阶段

4. BIM 技术的基本特征表现在（　　）方面。

 A. BIM 数据库信息时效性   B. BIM 信息的多元性

 C. 工程算量的精确性   D. BIM 工程的快速性

 E. BIM 数据库的共享和管理

5. 站在软件用户的角度去分析，BIM 信息作用基本方式有（　　）。

 A. 双向直接互用   B. 单向直接互用   C. 单向传递

 D. 中间翻译互用   E. 间接互用

三、简答题

1. BIM 与 CAD 相比拥有哪些优势？

2. 简述建筑 BIM 的相关特性。

3. BIM 在施工阶段有何作用与价值？

第 2 章 习题答案.pdf

实训工作单

班级		姓名		日期	
教学项目		了解 BIM 基础知识			
任务	学习 BIM 发展史、特性、作用及价值	学习途径	通过相关书籍或者视频学习		
学习目标		主要掌握 BIM 基础知识			
学习要点		BIM 特性、信息模型、BIM 在工程各阶段的作用及价值			
学习记录					
评语			指导老师		

第3章 BIM建模环境及应用软件

【教学目标】

- 了解BIM应用软件基础知识。
- 熟悉BIM建模软件及建模环境。
- 熟悉常见的BIM软件。
- 掌握国内其他流行BIM软件。

第3章 BIM建模环境
及应用软件.pptx

【教学要求】

本章要点	掌握层次	相关知识点
BIM应用软件基础知识	了解BIM应用软件发展史及分类	发展史、BIM分类
BIM建模软件及建模环境	熟悉BIM建模软件及建模环境	BIM建模软件、建模环境
常见的BIM软件	熟悉BIM基础软件、工具软件、平台软件	常见BIM软件
国内其他流行BIM软件	熟悉国内其他流行BIM软件	斯维尔系列、天正系列、理正系列等

【案例导入】

目前国内的BIM软件种类很多，有分析类型、设计类型、造价类型、管理类型以及建模类型。较为常用的是建模类型软件，欧特克的Revit系列较为普及。

【问题导入】

请结合本章知识，论述常见的BIM建模软件及其各自的建模环境，并阐述每个软件的适用范围。

3.1 BIM 应用软件基础知识

BIM 应用软件基础
知识.mp4

3.1.1 BIM 应用软件的发展与形成

BIM 软件的发展离不开计算机辅助建筑设计(Computer-Aided Architectural Design，CAAD)软件的发展。

20 世纪 60 年代是信息技术应用于建筑设计领域的起步阶段，绘图和数据库管理的软件处于初期阶段，使用功能受到一定的局限性。

20 世纪 70 年代，随着计算机技术的发展，性能价格比有了大幅度的提高，推动了计算机辅助软件应用于建筑设计的发展，同时还出现了能够满足建筑设计辅助应用的 CAD 系统软件，用于建筑辅助制图。

20 世纪 80 年代，微型计算机的问世对于信息技术的发展有着巨大的影响，建筑师经历了将传统的绘图板设计转向大型计算机辅助设计的过渡时期，进而又一次转向微型计算机辅助设计，AutoCAD、Micro Station、ArchiCAD 等设计软件开始应用。

20 世纪 90 年代，随着计算机技术的高速发展，网络信息化的引用、多媒体技术的引用、海量高科技储存器的应用、功能强大的 CPU 芯片的应用等都为计算机辅助应用于建筑设计创造了优势条件。

3.1.2 BIM 应用软件的分类

BIM 应用软件是指基于 BIM 技术的应用软件，其具有 4 个特征，即面向对象、基于三维的几何模型、包含各项信息(参数化信息及其他性能等)、支持开放式标准。

BIM 软件按照应用功能分为三大类，如图 3-1 所示。

1. BIM 基础软件

BIM 基础软件是指可用于建立能为多个 BIM 应用软件所使用的 BIM 数据的软件，目前国内外普遍使用 Autodesk 公司的 Revit 软件(如建筑设计软件可用于日照分析、能耗分析等)。

BIM 基础建模软件根据软件的应用范围，结合软件的功能分为概念设计软件、核心建模软件两大类。

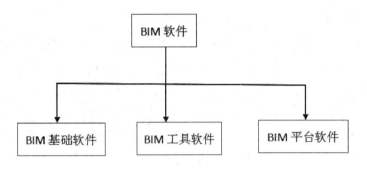

图 3-1 BIM 软件按照应用功能分类

1) 定义

BIM 基础软件主要是建筑建模工具软件,主要进行三维设计,所生成的模型是后续 BIM 应用的基础。

传统 CAD 的二维设计,建筑的立面、平面、剖面图分别进行设计,往往存在不一致的状况,其设计表现结果也是 CAD 中的线条,计算机无法进行进一步的处理。

三维设计软件改变了这种状况,通过三维技术确保了只保存一份建筑模型,建筑的立面、平面、剖面图均是三维模型视图,完全解决了建筑的立面、平面、剖面图不一致的难题。

2) 特征

(1) 基于三维图形技术。支持对三维实体创建和编辑的实现。

(2) 支持常见建筑构件库。BIM 基础软件包含梁、墙、板、柱、楼梯等建筑构件,用户可以应用这些内置构件库进行快速建模。

(3) 支持三维数据交换标准。BIM 基础软件建立的三维模型可以通过 IFC 等标准输出,为其他 BIM 应用软件使用。

3) 概念设计软件

BIM 概念设计软件用于设计初期,是在充分理解业主设计任务书和分析业主的具体要求及方案意图的基础上,将设计任务书里基于数字的项目要求转化成基于几何形体的建筑方案,此方案用于业主和设计师之间的沟通和方案研究论证。

Sketchup 是诞生于 2000 年的 3D 设计软件,因其上手快速,操作简单而被誉为电子设计中的"铅笔"。

Affinity 是一款注重建筑程序和原理图设计的 3D 设计软件,将时间和空间相结合的设计理念融入建筑方案的每一个设计阶段。

其他的概念设计软件还有 Tekla Structure、Vico Office 等。

4) 核心建模软件

BIM 核心建模软件的英文名称是 BIM Authoring Software，是 BIM 应用的基础，也是在 BIM 的应用过程中碰到的第一类 BIM 软件。主流的核心建模软件如图 3-2 所示。

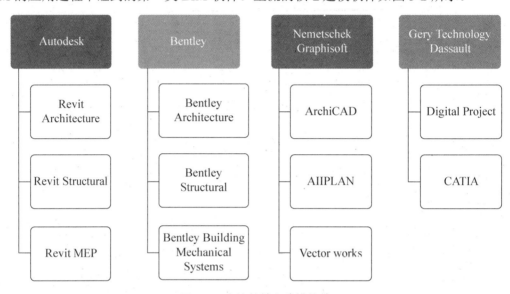

图 3-2 主流的核心建模软件

从图 3-2 可知，目前主要有以下四大公司提供 BIM 核心建模软件。

(1) Autodesk 公司的 Revit 建筑、结构和机电系列。它在国内民用建筑市场上携此前 AutoCAD 广布之天然优势，已再次占领很大市场份额。

(2) Bentley 公司的建筑、结构和设备系列。Bentley 系列产品在工业设计(石油、化工、电力、医药等)和市政基础设施(道路、桥梁、水利等)领域具有无可比拟的优势。

(3) Nemetschek Graphisoft 公司的 ArchiCAD、AllPLAN、VectorWorks 产品。其中，ArchiCAD 作为一款最早的、具有一定市场影响力的 BIM 核心建模软件，最为国内同行熟悉。但其定位过于单一(仅限于建筑学专业)，与国内"多专业一体化"的设计院体制严重不匹配，故很难实现市场占有率的大突破。AllPLAN 的主要市场分布在德语区，Vector Works 则多见于欧美等工业发达国家市场。

(4) Gery Technology Dassault 公司的 CATIA 产品以及 Gery Technology 公司的 Digital Project 产品。其中 CATIA 是全球最高端的机械设计制造软件，在航空、航天、汽车等领域占据垄断地位，且其建模能力、表现能力和信息管理能力，均比传统建筑类软件更具明显优势，但其与工程建设行业尚未能顺畅对接，其不足之处。Digital Project 则是在 CATIA 基础上开发的一款专门面向工程建设行业的应用软件(即二次开发软件)。

在软件选用上建议如下。

① 单纯民用建筑(多专业)设计,可用 Autodesk Revit;

② 工业或市政基础设施设计,可用 Bentley;

③ 建筑师事务所,可选择 ArchiCAD、Revit 或 Bentley;

④ 所设计项目严重异形、购置预算又比较充裕的,可选用 Digital Project 或 CATIA。

2. BIM 工具软件

BIM 工具软件是指利用 BIM 基础软件提供的 BIM 数据,开展各种工作的应用软件。例如,利用 BIM 建筑设计的数据,进行能耗分析的软件、进行日照分析的软件、进行通风环境分析的软件、进行施工模拟的软件、生成二维图纸的软件等。Revit 既是基础软件也是工具软件。

BIM 工具软件是 BIM 软件的重要组成部分,常见 BIM 工具软件的初步分类如图 3-3 所示。

图 3-3　常见 BIM 工具软件

1)　BIM 方案设计软件

常用的 BIM 方案设计软件有 Onuma Planning System、Affinty,软件功能主要是把业主

设计任务书里基于数字的项目要求转化成基于几何形体的建筑方案。

2) BIM 接口的几何造型软件

设计初期阶段的形体、体量研究或者遇到复杂建筑造型的情况，使用几何造型软件会比直接使用 BIM 核心建模软件更方便、效率更高，甚至可以实现 BIM 核心建模软件无法实现的功能。几何造型软件的成果可以作为 BIM 核心建模软件的输入。

目前常用几何造型软件有 Sketchup、Rhino 和 FormZ 等，其与 BIM 核心建模软件的关系为单向传递。

3) BIM 可持续(绿色)分析软件

可持续(或绿色)分析软件可使用 BIM 模型信息，对项目进行日照、风环境、热工、景观可视度、噪声等方面的分析和模拟。主要软件有国外的 Echotect、IES、Green Building Studio 以及国内的 PKPM 等。

4) BIM 机电分析软件

水暖电或电气分析软件，国内产品有鸿业、博超等，国外产品有 Designmaster、IES Virtual Environment、Trane Trace 等。

5) BIM 结构分析软件

结构分析软件是目前与 BIM 核心建模软件配合度较高的产品，基本上可实现双向信息交换，即：结构分析软件可使用 BIM 核心建模软件的信息进行结构分析，分析结果对于结构的调整，又可反馈到 BIM 核心建模软件中去，并自动更新 BIM 模型。国外结构分析软件有 ETABS、STAAD、Robot 等，国内有 PKPM，均可与 BIM 核心建模软件配合使用。

6) BIM 深化设计软件

Xsteel 作为目前最具影响力的基于 BIM 技术的钢结构深化设计软件，可使用 BIM 核心建模软件提交的数据，对钢结构进行面向加工、安装的详细设计，即生成钢结构施工图(加工图、深化图、详图)、材料表、数控机床加工代码等。

7) BIM 模型综合碰撞检查软件

模型综合碰撞检查软件的基本功能包括集成各种三维软件(包括 BIM 软件、三维工厂设计软件、三维机械设计软件等)创建的模型，并进行 3D 协调、4D 计划、可视化、动态模拟等，其实也属于一种项目评估、审核软件。常见模型综合碰撞检查软件有 Autodesk Navisworks、Bentley Projectwise Navigator 和 SolibriModel Checker 等。

8) BIM 造价管理软件

造价管理软件利用 BIM 模型提供的信息进行工程量统计和造价分析。它可根据工程施

工计划动态提供造价管理需要的数据，亦即所谓 BIM 技术的 5D 应用。国外 BIM 造价管理软件有 Innovaya 和 Solibri，鲁班则是国内 BIM 造价管理软件的代表。

9) BIM 运营管理软件

美国国家 BIM 标准委员会认为，一个建筑物完整生命周期中 75%的成本发生在运营阶段(使用阶段)，而建设阶段(设计及施工)的成本只占 25%。因此可断言，BIM 模型为建筑物运营管理阶段提供服务，将是 BIM 应用的重要推动力和主要工作目标。ArchiBUS 是最有市场影响力的运营管理软件之一。

10) 二维绘图软件

从 BIM 技术发展前景来看，二维施工图应该只是 BIM 模型其中的一个表现形式或一个输出功能而已，不再需要专门二维绘图软件与之配合。但是国内目前情形下，施工图仍然是工程建设行业设计、施工及运营所依据的具有法律效应的文件，而 BIM 软件的直接输出结果，还不能满足现实对于施工图的要求，故二维绘图软件仍是目前不可或缺的施工图生产工具。在国内市场较有影响的二维绘图软件平台主要有 Autodesk 的 AutoCAD、Bentley 的 Micro Station。

11) BIM 发布审核软件

常用 BIM 发布审核软件包括 Autodesk Design Review、Adobe PDF 和 Adobe 3D PDF。正如这类软件本身名称所描述的那样，发布审核软件把 BIM 成果发布成静态的、轻型的、包含大部分智能信息的、不能编辑修改但可标注审核意见的、更多人可访问的格式(如 DWF、PDF、3D PDF 等)，供项目其他参与方进行审核或使用。

12) BIM 模型检查软件

常用的 BIM 模型检查软件有 Solibri Model Checker，主要用来检查模型自身质量和完整性。

13) 协同平台软件

常用的协同平台软件有 Bentley ProjectWise、FTP Sites 等，其主要是将项目全生命周期的所有信息进行集中、有效管理。

3. BIM 平台软件

BIM 平台软件是指能对各类 BIM 基础软件及 BIM 工具软件产生的 BIM 数据进行有效管理，以便支持建筑全生命期 BIM 数据的共享应用的软件，能够支持项目各参与方及各专业工作人员之间通过网络高效的共享信息(比如 BIM 360 软件，特点是基于 Web，提供云服务等)。

平台泛指要开展某项工作所依据的基础条件，实际上是指信息系统集成模型。系统是

由一些相互联系、相互制约的若干组成部分结合而成的、具有特定功能的一个有机整体(集合)构成。因此站在信息系统的角度，平台是基础，在平台上构建相互联系、相互制约的组成(不同功能软件)部分，就成了系统。不同功能软件与平台之间依靠数据连接。数据就是指在系统上传输的各种业务数据，不同的功能软件有不同的数据格式，仅有系统和数据，没有互认的数据标准，功能软件中的特有格式数据就成为无法被其他功能软件使用的"死"数据。

BIM 是建设行业信息系统集成技术，按照美国 BIM 标准的定义：需要有一个共享平台(Model)，这个平台需要满足项目全生命周期各决策方的应用软件对 Model 的利用和创建(Modeling)，Model 和所有决策方的 Modeling 都需要按照公开的可互操作标准(数据接口标准)进行操作管理(Management)。

目前常用的 BIM 平台及其系统应用软件的数据接口标准见表 3-1。

表 3-1 常用 BIM 平台及其系统应用软件的数据接口标准

平台名称	集成模型	应用软件数据格式	系统功能软件数据接口标准	标准性质	平台费用
IFC＋IFD	数据层集成	IFC 概念模式	IDM&MVD	公开	免费
Revit	业务层集成	RVT		内部	收费
Micro Station	业务层集成	DGN		内部	收费
HIM	业务层集成	无要求	《P-BIM 软件功能与信息交换标准》	公开	免费

所有的软件公司在开发软件时都希望能够做一个平台而非系统，因为平台是可以复用的。企业使用软件的困扰在于：买了一个平台，想变成系统，还要动手做开发和实施，因为不同平台的软件数据不能互通，软件公司的平台限制了企业信息系统的发展、BIM 的目标则是建立一个不被软件公司控制的平台，实现所有软件的信息共享。

很多人或企业认为实施 BIM 系统就是买个平台，然后根据业务规则和表单定制购买软件，通过培训其平台上实现信息系统。这个认识对于企业信息系统而言没错，但对于 BIM 系统则是大错。企业做信息系统难度很大，即使依靠自身努力实现，也仅是企业信息系统而非 BIM 系统。实际上，系统是由平台、软件和数据接口标准三个要素构成的，缺一不可，对于企业信息系统，企业可以自己选择平台、软件和数据接口；对于 BIM 系统，这三要素则需进一步描述为：不依赖于图形、适用于项目全生命周期所有功能软件、具有所有功能软件公开接口标准的数字平台。因此，基于任何软件公司平台的 BIM 软件及数据接口的 BIM 系统都不是真正意义上的 BIM。

基于 IFC＋IFD＋IDM 的三大标准体系构成了真正的 BIM 系统。

基于 HIM 平台的 P-BIM 软件系统克服了 IFC-BIM 存在的商业乏力与技术难点，用换道超车的方式实现了 BIM 技术的跨越式发展，具有自主知识产权，为实现我国各级政府《关于推进建筑信息模型应用的指导意见》奠定了技术基础。

【案例 3-1】目前常用 BIM 软件数量已有几十个，甚至上百个。但对这些软件，却很难给予一个科学的、系统的、精确的分类。目前对 BIM 应用行业产生一定影响的分类法大致有三种：何氏分类法；AGC 分类法；厂商、专业分类法。请分析 AGC 分类法；厂商、专业分类法都有哪些内容。

3.2　BIM 建模软件及建模环境

3.2.1　BIM 基础软件的特征

建造方式的建模.mp3

BIM 的实现离不开 BIM 软件的应用，而 BIM 软件也可以说是实现 BIM 的一个工具或者媒介。通过对软件的操作，可实现诸多传统建筑软件所没有的功能。

1. 多样性

BIM 软件不再是用简单的点线面以及建筑符号构成整体项目。它是通过建筑构件来真实表现建筑整体外观及内部设施。例如：墙、门、窗、天花板、扶手等，在模型中都是以真实容貌体现，且数据信息都是一比一的，对构件可以直接修改其参数，方便省时。同时，通过 BIM 参数化还可以将构建的信息纳入到模型中，例如：数量、价格、属性等，以便于后期工程造价及工程量的统计。

2. 关联性

关联性是 BIM 软件区别传统软件的一大显著特点。传统建筑软件因为缺乏数据之间的关联度，往往在修改时需要考虑该构件对于其他构件及界面的影响，经常是花费了大量时间改错，最后还得重新画。而 BIM 软件则可以将各个构件的信息关联起来，做到一处动、处处动，例如，对净高修改后，则门窗等相关构件的位置将自动调整，与之配合，大大提高了工作效率，降低了重复劳动率，节省了时间，节约了成本。

3. 统一性

传统建筑软件需要对项目整体进行多方位、多角度的绘制，例如，平面、立面、剖面、

透视、详图、大图等，才能够将整个项目表现出来，而且各专业与各阶段都需要进行一一绘制。通过 BIM 软件即可将这些图样的信息纳入统一的 BIM 模型之中，实现信息共享，提高协作效率。

4. 数据高度集成

传统建筑软件中的建筑数据属于离散状，中间缺乏串联以及协同。通过 BIM 软件可以将各个阶段与环节的数据信息有效地整合在一起，通过软件的数据交互标准统一格式之后，方便实现数据共享，且 BIM 软件可以将模型中的基础数据以及模型外的拓展数据整合在一起。

5. 节约时间

传统建筑软件让设计人员把时间花费在空间想象、错漏碰缺的检查、出施工图等问题上。现在这些问题可以交给 BIM 软件来解决，大大提高了设计效率，缩短了设计周期，让设计人员能够有更多时间去考虑建筑的性能、品质以及可持续发展等问题。BIM 软件的最大特点就是对于海量数据的处理及分析能力，这也符合当下大数据的流行趋势。

3.2.2 BIM 建模软件、硬件环境配置

BIM 建模软件种类繁多，但没有哪一款软件可以涵盖整个建筑生命周期；虽然一些软件商的产品链很广，但因用户使用率不高，因而没有被普及。

业内常用的 BIM 软件有以下几款。

(1) Autodesk 公司的 Revit 建筑、结构和机电系列，在民用建筑市场借助 AutoCAD 的天然优势，有相当不错的市场表现。

(2) Bentley 建筑、结构和设备系列。Bentley 产品在工厂设计(石油、化工、电力、医药等)和基础设施(道路、桥梁、市政、水利等)领域有无可比拟的优势。

(3) Nermetschek 的 ArchiCAD 属于一款面向全球市场的产品，建筑专业建模与设计为国内设计师所熟知。

(4) PKPM，国内自主品牌的建筑工程软件，产品涵盖规划、设计、造价、施工、运维各阶段。PKPM-BIM 施工管理平台具有进度管理、工程量统计与造价分析、工程质量与安全等功能。2016 年推出的 PBIMS 是一个面向全行业开放的 BIM 平台，是符合中国 BIM 标准和操作习惯的高效 BIM 建模软件，搭载 PKPM 全部分析和设计软件，能与其他流行 BIM

软件数据接口。

(5) 广联达软件，国内著名造价软件，可以接力 Revit 等生成的 BIM 模型，完成符合中国习惯的工程造价分析和工程进度展示。

(6) 鲁班软件聚焦建造阶段 BIM 技术应用。解决方案包括鲁班算量与造价、三维场布等系列施工建模软件和 Luban EDS 企业级 BIM 协同管理平台、鲁班云碰撞检测平台等。通过开发插件或 IFC 国际标准格式导入上游三维设计 BIM 模型数据，如 Revit、Xseel、MagiCAD 等，实现模型数据转换及清单定额等成本数据的计取。

(7) 斯维尔软件是国内著名的建设类软件，产品包括工程设计、绿色建筑分析、工程造价、工程管理等，实现 BIM 信息模型在建设工程生命周期的全覆盖。其造价部分可以直接在 Revit 中建模，进行工程量统计，也可直接承接由设计人员用 Revit 创建的工程模型进行工程量的统计。其公司开发的 uniBIM 辅助软件，用于对不同软件创建的模型进行组合、查看和优化；BIM 5D 软件，用于工程进度和实现施工过程的"零库存"管理。

此外，在个别复杂曲面造型建筑中还会用到 Rhino(犀牛)、Caria 等软件。除 Revit 以外，其他软件对硬件环境的要求都不高，一般 2GB 内存，单核或多核 CPU 都可以运行。

Revit 对硬件的要求比较高， 64 位操作系统、多核 CPU、8GB 以上内存、1680×1050 真彩色显示器。

3.2.3 参数化设计

1. 参数化设计的概念

参数化设计是用较少的变量及其函数来描述建筑设计要素的设计方法。变量数值的变化会引起建筑方案的改变，从中得到最优的设计方案。这种技术的兴起受益于建筑业的发展，在计算机的辅助下，利用软件编程所产生的数字化模型，突破传统的建筑工艺，让建筑师有更多的选择余地。所以，参数化设计已经成为现在建筑界最为热门的发展趋势。

在参数化的几何造型系统中，设计参数的作用范围是几何模型。但几何模型不能直接用于进行分析计算，需要将其转化为有限元模型，才能为分析优化程序所用。因此，如果希望以几何模型中的设计参数作为形状优化的设计变量，就必须将设计参数的作用范围延拓至有限元模型，使有限元模型能够根据设计变量的变化，实现有限元模型的参数化。

在计算机出现之前，建筑师用数学中的函数(螺旋面、抛物面、双曲面)、物质本身属性(悬索形态、肥皂薄膜的极小曲面)等来构造建筑的局部或全部。

Antoni Gaudi 用悬链模型(倒置)设计古埃尔公园(1914 年完工)的礼拜堂方案。通过改变参数(绳长、锚点位置、铅弹等重量)生成各种版本的设计方案,并推定各方案中的结构是纯受压的,从而避免了大量的手工内力分析工作。

建筑师 Luigi Moreti 设计的"体育场"编号 N 版的模型,在 1960 年的参数化建筑展览中展出,这是已知的较早采用参数化设计概念完成的建筑设计。这个体育场由包含 19 个参数的参数化模型生成。

在参数化辅助设计软件中,Rhinoceros 和 Grasshopper 组成的参数化设计平台是目前最为流行、使用最为广泛的一套设计平台,这主要得益于 Rhinoceros 建模软件强大的造型能力和 Grasshopper 独特的可视化编程建模方式。

Revit 技术公司由参数技术公司的前开发者创立,希望创造"第一款为建筑师和建筑专业人士开发的参数化建模软件"。虽然 Revit 软件毫无疑问地使用了参数方程来进行模型的自动调整,但其参数化关系隐藏于界面之下。Revit 的重点是使用参数模型而不是建立参数模型, Revit 被 Autodesk 收购之后,关于参数化建模的说法消失了,推出了新的概念——建筑信息模型(BIM)。

参数化设计是 Revit 的一个重要思想,它分为两个部分:参数化图元和参数化修改引擎。Revit 中的图元都是以构件的形式出现,这些构件之间的不同,是通过参数的调整反映出来的,参数保存了图元作为数字化建筑构件的所有信息,参数化修改引擎提供的参数更改技术,使用户对建筑设计或文档部分作的任何改动都可以自动地在其他相关联的部分反映出来,采用智能建筑构件、视图和注释符号,使每个构件都通过一个变更传播引擎互相关联。构件的移动、删除和尺寸的改动所引起的参数变化会引起相关构件的参数产生关联变化,任视图下所发生的变更都能参数化的、双向的传播到所有视图,以保证所有图纸的一致性,无须逐一对所有视图进行修改,提高了工作效率和工作质量。

计算机辅助设计软件经历了绘制图纸到建立参数模型的过程,但这个模型更多的是对建筑信息的描述,与参数化设计的关系不大,相反,其处理量大面广的层模型更加得心应手。

由于专业的需要,PKPM 的结构设计软件必然是基于建筑信息模型的。在 20 世纪 90 年代初,PKPM 就以建筑信息模型作为核心数据,结构专业的分析模型由建筑信息模型自动抽取生成,日后陆续推出三维算量软件、能耗分析软件、日照分析软件等,这些软件之间通过数据文件传递信息。2000 年后,国内出现了众多以三维建筑模型为数据核心的建筑工程软件,如广联达、鲁班、斯维尔、神机妙算等。

从广义来讲，建筑信息模型也是一种参数化设计，只是它需要输入的变量更多，函数关系更复杂。

参数化设计广受欢迎是因为其修改设计方案的便捷性。改变方案中的个别参数，其他与之相关联的构件会随之做出响应，自动完成大量的信息更新操作，为设计师快速提供多种方案。如一个节点坐标平移后，与之相连的柱、梁、墙的信息都会随之发生变化，计算机软件会自动做出相应的更新，而不用人为修改这些构件的信息。

此外，大量的重复的运算操作(相当于变量的函数)，可以交给计算机软件自动完成，如混凝柱上的截面尺寸或长度修改后，程序会重新计算高达几百万自由度的线性方程组求解，得到新的柱内力，然后针对每眼柱计算几十万组荷载组合下的配筋结果。由此可见，使用参数化设计软件时只需要对个别参数(变量)进行修改，计算机就会按照软件的逻辑进行远大于修改量的运算，从而提高工作效率。

建筑参数化设计中的变量并非越多越好，而且变量不能重复，不能出现信息孤岛。变量和函数的确定要恰当，冗余的变量会引起信息描述或函数关系的歧义，变量的缺失意味着信息不完整。

2. 参数化设计的方法

参数化设计主要有三种方法。

1) 基本途径

利用预先设定的算法，求解一些特殊的几何约束。其特点是简单、易于实现、灵活性差。如在悬索上绑上铅坠来模拟受压拱的形状。

2) 代数途径

将几何约束转换成代数方程，形成非线性方程组。该方程求解困难，但随着计算机数值分析技术的发展，可以迭代求解非线性方程组。

3) 人工智能途径

利用专家系统对图中的几何关系和约束进行形式化定义，运用几何原理推导出新的约束，这种方法的速度较慢，求解全局约束能力差。

上述方法中，约束的求解相对容易些，非线性方程组的求解难度较大。可以通过计算机数值分析技术将问题简化，如通过加密节点的方式对非线性方程降阶，从而降低分析难度。例如：中国大剧院可以用较小尺度的平面来模拟椭球面并进行分析。

3.2.4 BIM 模型建模流程

建模就是建立模型，是为了理解事物而对事物做出的一种抽象描述。建筑建模的过程就是按照约定的数据定义，以软件提供的方法，搭建出建筑师所要交流的建筑模型，并赋予相应的专业信息。建筑设计包括"形式"和"功能"两大领域，按此来分类，建筑建模可分为方案阶段常用的形体组成方式建模与后续设计阶段主要采用的建造方式建模。形体组成方式建模主要从造型、空间效果等"形式"角度考虑；建造方式建模则更多地从使用和实现等"功能"角度考虑。

1．形体组成方式的建模

建筑学作为一个艺术学科，必须把美学问题与逻辑推理有机地结合起来，通过计算机对形体的描述和表达，建立起在几何信息和拓扑信息基础上的建筑模型。几何信息一般是指物体在欧氏空间(欧氏几何所研究的空间称为欧氏空间，它是现实空间的一个最简单并且相当确切的近似描述)中的形状、位置和大小，一般指点、线、面、体的信息。拓扑信息则是指物体各分量的数目及其相互间的连接关系。

目前常用的三维几何形体建模包括线框、表面和实体三种。

1) 线框建模

用一系列直线、圆弧和点表示形体，并在计算机内部生成相应的三维映像。通过修改点和边来改变形体的形状。线框模型描述的是产品的轮廓外形。在建模软件中，线框模型相当于投影视图中的轴测图。

当物体的 3 个坐标面不与投影方向一致时，则物体平行于 3 个坐标面的中面的轴测投影在轴测投影面中得到反映，因此，物体的轴测投影才有较强的立体感。线框建模所构造的实体模型只有离散的边，而没有边与边的关系，与该模型相关的数学表达式是直线或曲线方程、点的坐标及边和点的连接关系。因此，线框模型不适用于对物体进行完整信息描述的场合，但在有些情况下，例如：评价物体外部形状、位置或绘制图纸，线框模型提供的信息是足够的，同时它具有较好的时间响应性，对于实时仿真技术或中间结果的显示是适用的。

2) 表面(曲面)建模

用面的集合来表示物体，用环来定义面的边界。

它是在线框模型的基础上增加了有关面的信息，以及面的连接信息。此类模型的数据结构是表结构，除给出边线及顶点的信息之外，还提供了构造三维立体各组成面的信息。此类建模方法主要适用于表面不能用简单数学模型进行描述的物体，除建筑模型外，手机、飞机、汽车、船舶等的一些外表面都可用此法来描述。表面建模的重点是曲面建模，通过建立曲面的边界线，构造复杂曲面的物体。需要注意的是，由于表面模型缺少体的信息以及体、面间的拓扑关系，因此无法计算和分析物体的整体性质，如物体的体积、重心等，也不能将其作为一个整体来考查与其他物体相互关联的性质，如是否相交等。

3) 实体建模

由实体曲面建模构造的模型称为实体模型，除曲面拟合体外，通常还有平面拉伸体、截面放样体、基本体布尔组合等。

在表面模型的基础上明确定义了在表面的哪一侧存在实体，增加了给定点与形体之间的关系信息。

它能完整地表示物体的所有形状信息，具有完整性、清晰性、准确性。在实体造型系统中，可以得到所有与几何实体相关的信息。有了这些信息，应用程序就可以完成各种操作，如物性计算、体的相加、相交、相减运算等。

实体建模是一种常用的建模方式，其特点是可以对实体信息进行全面完整的描述，能够实现消隐、削切、有限元分析、实体着色、光照及纹理处理、外形计算等各种操作。

2. 建造方式的建模

当建筑方案设计完成造型后，更多的设计任务是完成建筑空间与功能的划分。此时要按照建造过程，依据形体建模的轮廓对建筑内部及外饰面进行细化。建造方式建模按照空间处理的方法可分为平面建模与空间建模：平面建模主要针对常规的规则建筑，由于增加了一些特有的约定，使得建模过程更加直观、快捷、方便，但在建模流程上与空间建模是一样的，且都是以建筑构件的搭建为基本流程。常规的建模过程如下。

1) 前期准备

前期工作包括各种建筑构件颜色、对出图图层的约定；了解所用软件的各种计量单位，调整设置或作相应换算；对所建模型在整体空间的划分设定；多人共同建模时，各人工作区的分工；有参考图或参照模型时作相应的参照映射等。

2) 空间定位

建模的第一项工作是在坐标系下定位。通常先做出定位参考辅助线。一般以各楼层标

高作为各层布置的局部坐标系，没有明确楼层时也可按标高区段来划分。

3） 建筑构件定义

对常规的构件，建模工具软件都会提供参数化的构件成面定义，可方便地得到所需要的各种类型的构件。建筑师可将建模过程中用到的各种尺寸的构件都依次定义好，以备后面使用，也可在后面用到时再补充相应截面定义。

对于一些在建模工具软件中找不到相应类型的构件(或一些组合体)，可采用软件的自定义构件方式，用软件提供的工具先建立独立的构件，以待后面使用。

也有一些软件是直接在要布置构件的端定义出相应的截面，再直接做拉伸布置到另一端，将流程的第(3)、(4)步连续完成。

4） 建筑构件布置

完成构件定义后，就要将定义好的构件在建筑空间中进行布置。布置时，可以直接输入构件两端定位点坐标，但比较方便快捷的方法是依据定位参考线进行布置。

墙上开洞、布置门窗等也属于构件布置的一种类型。开洞和布置门窗都要先在构件定义中定义好洞口的形状、尺寸，再将其布置到(或者说关联到)相应的墙上。

较典型的建筑模型中，通常需完成的布置构件有柱子、梁、楼板、楼梯、墙体、门窗、阳台、雨棚、过梁、窗台、坡道台阶、散水及圈梁、构造柱等。

5） 专业附加属性设置

对构件属性的设置可在构件定义或布置时同时完成，也可在完成构件布置后再设置，构件的属性包括材料属性(材料类型、强度等级、热工性能等)、所贴材质、颜色及光反射属性等。结构建模中的简载定义与施加也属此范畴。

6） 完成其他层的模型搭建

建模中除占楼层多数的标准层要建立外，首层、屋顶层及基础层般都是不可缺少的，都需要单独逐一建立。

7） 全楼模型的形成

当所有关键的楼层都完成模型建立后，可按标高关系，将全楼的各楼层与完成的各典型层(标准层、首层、屋顶层及基础层)建立索引关系，也就是完成"楼层组装"。有些软件把这一步的工作分散到了各层初始建立时完成，即楼层建立时就输入其所代表的楼层标高。

8） 模型的观测视角定位

整体模型完成之后，首先可通过三维展示，观察整体是否存在错误或有与方案设计形体模型不一致的地方，再设置相机的角度、焦距、光源及调整透视关系或各个正立面、平面等视角，标定主要剖面位置。

3.2.5 BIM 建模软件功能

从上述建模流程中可以总结出建模软件具备以下功能。

1．精确定位

因建筑模型与后面建造紧密相关，必然要求所有相关的尺寸都是精确、完备的。其中包括空间位置如楼层标高、轴线定位、坐标点输入等；还包括构件尺寸、偏心定位等局部尺寸。

2．自定义构件

由于建筑的多样性，软件不可能把所有可能出现的构件形式都一一列举出来，因此建模软件应提供由使用者根据设计需要，创建特定构件形式的功能。现在多数建模软件已或多或少提供了像用户自定义界面、自定义组合体等功能，且都是通过参数化定义实现的，便于后续工程采用。

3．专业属性设置

BIM 模型的最大特点就是模型不但有几何形体，还具有赋予的专业属性。因此，相关专业的属性挂接功能是必不可少的。

4．模型的查看功能

由于 BIM 模型是三维实体模型，对模型的查验、校核、展示也是基本功能。

5．模型视图的一致性

BIM 模型是三维实体模型，其平面、立面及渲染效果图都是对模型的反映，应与模型保持一致性。建模软件应具备对模型有任何修改时，都能及时反映到各种视图上的能力。

3.3 常见 BIM 软件

BIM 核心建模软件
示意图.pdf

3.3.1 BIM 核心建模软件

1. Revit

Revit 是基于 BIM 开发的软件，可帮助专业的设计和施工人员使用协调一致的基于模型的方法，将设计创意从最初的概念变为现实的构造。Revit 是一个综合性的应用程序，其中包含适用于建筑设计、水暖电和结构工程以及工程施工的各项功能。

Revit 帮助用户捕捉和分析设计构思，并提供包含丰富信息的模型，支持可持续设计、冲突检测、施工规划和建造。设计过程中的所有变更都会在相关设计与文档中自动更新，实现协调一致的流程，获得可靠的设计文档。

1） 完整的项目、单一的环境

Revit 中的概念设计功能提供了易于使用的自由形状建模和参数化设计工具，且支持在开发阶段对设计进行分析。

2） 参数化构件

参数化构件是在 Revit 中设计所有建筑构件的基础。这些构件提供了一个开放的图形系统，可以用来设计精细的装配(例如细木家具和设备)，以及最基础的建筑构件(例如墙和柱)。

3） 双向关联

任何一处有变更，所有相关位置都随之变更。所有模型信息存储在一个协同数据库中，对信息的修订与更改会自动反映到整个模型中。

常见的 BIM
软件.mp4

4） 详图设计

Revit 附带丰富的详图库和详图设计工具，可以根据各公司不同标准创建、共享和定制详图库。

5） 明细表

明细表是整个 Revit 模型的另一个视图。对于明细表视图进行的任何变更都会自动反映到其他所有视图中。明细表的功能包括关联式分割及通过明细表视图、公式和过滤功能选择设计元素。

6） 材料算量功能

利用材料算量功能计算详细的材料数量。材料算量功能非常适合于计算可持续设计项目中的材料数量、估算成本优化、跟踪流程。

7) 功能形状

Building Maker 功能可以将概念形状转换成全功能建筑设计。可以选择并添加面，由此设计墙、星顶、楼层和幕墙系统。还可将 AutoCAD 软件和 Autodesk Maya 软件，及 formZ、MeNeel Rhinoceros、Sketchup 等应用或其他基于 ACIS 或 NURBS 应用的概念性体量转化为 Revit 中的体量对象，然后进行方案设计。

8) 协作

工作共享工具可支持应用视图过滤器和标签元素以及控制关联文件夹中工作集的可见性，以便在包含许多关联文件夹的项目中改进协作工作。

9) Revit Server

Revit Server 能够帮助不同地点的项目团队通过广域网更加轻松共享 Revit 模型，并在同一服务器上综合收集 Revit 中央模型。

10) 结构设计

Revit 软件是专为结构工程公司定制的 BIM 解决方案，是用于结构设计与分析的强大工具。Revit 将多材质的物理模型与独立可编辑的分析模型进行集成，可实现高效的结构分析，并为常用的结构分析软件提供双向链接。

11) 水暖电设计

Revit 可通过数据驱动的系统建模和设计来优化建筑设备与管道专业工程。在基于 Revit 的工作流中，它可以最大限度地减少设备专业设计团队之间，以及与建筑师和结构工程师之间的协调错误。

12) 工程施工

利用 Vault 和 Autodesk 360 的集成功能，加强了施工过程的综合分析；通过多种手段的协同工作，加强了施工各参与方的联系与协调；实行碰撞检测可避免施工中的浪费。

2. Bentley

Bentley 的核心产品是 Micro Station 与 Project Wise。Micro Station 是 Bentley 的旗舰产品，主要用于全球基础设施的设计、建造与实施。Project Wise 是一组集成的协作服务器产品，可以帮助 AEC 项目团队利用相关信息和工具，开展一体化工作。Project Wise 能够提供可管理的环境，在该环境中，能够安全地共享、同步与保护信息。同时，Micro Station 和 Project Wise 是面向包含 Bentley 全面的软件应用产品组合的强大平台，在全球重要的基础设施工程中执行关键任务。

1) 建筑业：面向建筑与设施的解决方案

Bentley 的建筑解决方案为全球的商业与公共建筑物的设计、建造与营运提供强大动力。Bentley 是全球领先的多行业集成的全信息模型(BIM)解决方案厂商,产品主要面向全球领先的建筑设计与建造企业。

Bentley 建筑产品使得项目参与者和业主运营商能够跨越不同行业与机构一体化地开展工作。对所有专业人员来说,跨行业的专业应用软件可以同时工作并实现信息同步。在项目的每个阶段做出明智决策能够极大节省时间与成本,提高工作质量,同时显著提升项目收益、增强竞争力。

2) 工厂：面向工业与加工工厂的解决方案

Bentley 为设计、建造、营运加工工厂提供工厂软件,包括发电厂、水处理工厂、矿厂,以及石油、天然气与化学产品加工工厂。在该领域,所面临的挑战是如何使工程、采购与建造承包商、业主运营商及其他单位实现一体化协同工作。

Bentley 的 Digital Plant 解决方案能够满足工厂的一系列生命周期需求,从概念设计到详细的分析、建造、营运、维护等方面一应俱全。Digital Plant 产品包括多种包含在 Plant Space 之中的工厂设计应用软件,以及基于 Micro Station 和 AutoCAD 的 Auto PLANT 产品。

3) 地理信息：面向通信、政府与公共设施的解决方案

Bentley 的地理信息产品主要面向全球公共设施、政府机构、通信供应商、地图测绘机构与咨询工程公司。他们利用这些产品对基础设施开展地理方面的规划、绘制、设计与营运。

在服务器级别,Bentley 地理信息产品结合了规划与设计数据库。这种统一的方法能够有效简化和统一原来存在于分散的地理信息系统(GIS)与工程环境中的零散的工作流程。企业能够从有效的地理信息管理中获益。

4) 公共设施：面向公路、铁路与场地工程基础设施的解决方案

Bentley 公共设施工程产品在全球范围内被广泛用于道路、桥梁、场地工程开发、中转与铁路、城市设计与规划、机场与港口及给排水工程。

3. ArchiCAD 及 Allplan

1) ArchiCAD

ArchiCAD 是世界上最早的 BIM 软件,其扩展模块中也有 MEP(水暖电)、ECO(能耗分析)及 Atlantis 渲染插件等。ArchiCAD 支持大型复杂的模型创建和操控,具有业界首创的"后台处理支持"系统,可更快地生成复杂的模型细节。用户自定义对象、组件及结构需要一

个非常灵活多变的建模工具，因此 ArchiCAD 引入了一个新的工具——MORPH，以提高在 BIM 环境中的快速建模能力。变形体工具可以使自定义的几何元素以直观的方式表现，例如最常用的建模方式——来完成建模。变形体元素还可以通过对 3D 多边形的简单拉伸来创建或者转换任意已有的 ArchiCAD 的 BIM 元素。

ArchiCAD 中提供一对多的 BIM 基础文档工作流程。它简化了建筑物模型和文档。ArchiCAD 的终端到终端的 BIM 工作流程允许模型在项目结束后依然可以工作。

2) Allplan

应用 Allplan 可迅速建立起模型，并确定其成本。可以方便地进行体量计算，同时包括成本估算并按照德国标准列出说明性的图形(例如，德国建筑合同程序 VOB)。面积与体量等数据可以被保存为 PDF 或 Excel 文件，作为图形报告打印出来，用于成本决策和招标服务或者导入到其他合适的软件，如 Allplan BCM。以下介绍 Allplan 中的一些软件。

(1) Allplan Architecture。

Allplan Architecture 为用户提供全新的智能建筑模型。不仅可以得到平面图、剖面图，以及不同规划阶段的详细信息，而且还有复杂的面积和体量计算、建筑规范、成本计算、招标管理等。可将建筑数据提供给合作伙伴，比如结构设计师等。当需要对设计进行修改时，数字建筑模型的优点得以显现，只需做一步修改，全局的设计都会随之改变。建筑模型可以通过 Allplan 的 CAD 对象进行参数化的添加，即所谓的 SmartParts。

(2) Allplan Engineering。

Allplan Engineering 特点在于 3D 总体设计和加强的细节设计，节省时间并降低出错的概率。软件还包括广泛的现行行业标准和文件格式(包括 DWG、DXF、DGN、PDF、IFC)，可方便流畅地进行数据交换。Allplan Engineering 还可与 StatikFrilo 或 SCIA Engineer 集成，为 CAD 和结构分析提供一个集成的解决方案。

Allplan Engineering 可以设置 3D 的整体设计和详细的细节设计。天花平面图、立面图、横截面、体量和弯钢筋表等都可以从一个智能化建筑模型中得到。同时，对建筑模型的修改也是自动化和一体化的。

4．CATIA

CATIA 是广泛用于航空工业以及其他工程行业的产品建模和产品全生命周期管理的 3D 产品设计软件，由于在复杂 3D 曲面造型设计中应用 CATIA 而被建筑界引入使用。CATIA 包含很多建模工具，支持综合分析和可视化。CATIA 支持与许多分析工具的集成，并可在 CATIA 中实现 MEP 组件模型的设计和建模。CATIA 系列软件支持较大的项目团队之间的

协同管理。

模块化的 CATIA 系列产品旨在满足客户在产品开发活动中的需要，包括风格和外形设计、机械设计、设备与系统工程、数字样机管理、机械加工、分析和模拟。CATIA 产品基于开放式可扩展的 V5 架构。

1) 自顶向下的设计理念

在 CATIA 的设计流程中，采取"骨架线＋模板"的设计模式。首先通过骨架线定义建筑或结构的基本形态，再通过把构件模板附着到骨架线上创建实体建筑或结构模型。对构件模板的不断细化，可实现 LOD 逐渐深化的设计过程。而一旦调整骨架线，所有构件的尺寸可自动重新计算生成，极大地提高了设计效率。

2) CATIA 混合建模技术

设计对象的混合建模：在 CATIA 的设计环境中，无论是实体还是曲面，做到了真正的互用。

变量和参数化混合建模：在设计时，设计者不必考虑参数化设计目标，CATIA 提供了变量驱动及后参数化功能。

几何和智能工程混合建模：企业可以将多年的经验积累到 CATIA 的知识库中，用于指导新员工，或指导新车型的开发。

3) CATIA 所有模块具有全相关性

CATIA 的各个模块基于统一的数据平台，因此 CATIA 的各个模块具有全相关性。3D 模型的修改，能完全体现在 2D 以及有限元分析、模具和数控加工的程序中。并行工程的设计环境使得设计周期大大缩短。

CATIA 提供的多模型链接的工作环境及混合建模方式，使得并行工程设计模式已不再是新鲜概念，总体设计部门只要将基本的结构尺寸发放出去，各分系统的人员便可开始工作，既可协同进行，又不互相牵连；由于模型之间的互相联结性，使得上游设计结果可作为下游的参考，同时，上游对设计的修改能直接影响到下游工作的刷新，实现真正的并行工程设计环境。

3.3.2 BIM 方案设计软件

Affinity 是一款 BIM 软件，其主要功能在于提供一个独特的建筑及空间规划和设计解决方案。软件整合了 Graphisoft 公司的 ArchiCAD，Bentley 公司的 AECOsim Building Designer，

Autodesk 公司的 Revit, Google 公司的 Sketchup, IES 公司的 VE-Gaia 和 VE-Navigator for LEED 等，以及和其他基于 BIM 的设计工具，很好地解决了复杂建筑项目在早期设计阶段的各种问题。

Affinity 系列软件包括建筑规划、概念及原理设计、早期的可持续性分析和设计方案论证与分析。

3.3.3　和 BIM 接口的几何造型软件

1. Sketchup

Sketchup 是一款极受欢迎且易于使用的 3D 设计软件，官方网站将其比喻为电子设计中的"铅笔"。它的主要卖点就是使用简便，人人都可以快速上手，并且可以将使用 Sketchup 创建的 3D 模型直接输出至 Google Earth 里。

在 Sketchup 中建立三维模型就像使用铅笔在图纸上作图一般，Sketchup 本身能自动识别这些线条，并自动捕捉。其建模流程简单明了。

2. Rhino

Rhino(犀牛)是由美国 Robert McNeel 公司于 1998 年推出的一款基于 NURBS 为主的三维建模软件，广泛应用于三维动画制作、工业制造、科学研究以及机械设计等领域。Rhino 所提供的曲面工具可以精确地制作所有用来渲染表现、动画、工程图、分析评估以及生产用的模型。Rhino 可以创建、编辑、分析和转换 NURBS 曲线、曲面和实体，且在复杂度、角度和尺寸方面没有任何限制。

Rhino 可以在 Windows 系统中建立、编辑、分析和转换 NURBS 曲线、曲面和实体，不受复杂度、阶数以及尺寸的限制。Rhino 也支持多边形网格和点云。

3. FormZ

FormZ 是市面上最强大的 3D 绘图软体之一，是一款具有独特的 2D/3D 形状处理和雕塑功能的多用途实体和平面建模软件。对于需要经常处理有关 3D 空间和形状的专业人士(例如建筑师、景观建筑师、城市规划师、工程师、动画和插画师、工业和室内设计师)来说是一个高效率的设计工具。

FormZ Radiozity 的光通量运算模式包含了由 LightWorks 提供的光通量运算模式引擎。有了 FormZ RadioZity，光线在环境里的分布可以更自然。

3.3.4 BIM 可持续(绿色)分析软件

1. Green Building Studio

Green Building Studio 是实现绿色建筑设计和 LEED 资质的一个巨大突破。通过建筑信息化模型和 CAD 厂商将连接器合并后，使 Green Building Studio 网络服务在早期设计的模型中使用丰富的信息。它可以建立结构准确的等效热能模型，还可以快速提供关于建筑设计方案中的能源推论反馈。

Green Building Studio 网络服务和 XML 连接器整合了分析工具与主要的建筑信息模型解决方案，建筑师可以更有效地使用建筑信息模型中建立的更佳信息，来通过因特网测试建筑效能和验证设计选择，绿色建筑设计中的巨大成本障碍便不复存在。该结合可提供更精确的能源分析，使建筑设计更有效，让所有者的运营成本更低。此外，它可让建筑师自行执行这些功能，降低客户支付永续设计服务的费用，并提高建筑公司的收益，从而使建筑信息化模型成为双赢选择。

2. PKPM

PKPM 系列软件系统是一套集建筑设计、结构设计、设备设计、节能设计于一体的建筑工程综合 CAD 系统。

PKPM 建筑设计软件用人机交互方式输入 3D 建筑形体，直接对模型进行渲染及制作动画。APM 可完成平面、立面、剖面及详图的施工图设计，还可生成 2D 渲染图。

PKPM 结构设计容纳了国内各种计算方法，如平面杆系、矩形及异形楼板、墙，各类基体、砌体及底框抗震，钢结构、预应力混凝土结构分析，建筑抗震鉴定加固设计等。

设备设计包括采暖、空调、电气及室内外给排水，可从建筑 APM 生成条件图及计算数据，交互完成管线及插件布置。

PKPM 在建筑节能设计方面是一款按照最新国家和地方标准编制，适应公共建筑、住宅建筑、各类气候分区的节能设计软件，同时也是民用建筑能效测评及居住建筑节能检测计算软件。

3.3.5 BIM 机电分析软件

1. 鸿业 BIM

这是一款提供基于 Revit 平台的建筑、暖通、给排水及电气专业软件，并能与基于 Revit 的结构软件进行协同。结合基于 AutoCAD 平台的鸿业系列施工图设计软件，可提供完整的施工图解决方案。可通过数据库构建服务器与客户端的标准化族管理机制，形成 3D 构件及设备的标准化、信息化承载平台。软件中大量采用数据信息传递的方式进行专业间共享互通，充分体现了 BIM 条件下的高效协同模式。

2. IES Virtual Environment

IES Virtual Environment(IES VE)是一款独特的和集成的建筑性能分析软件，为建筑师、工程师、规划者和设备运营管理商提供技术支持用户可以在相同的界面下创建一个统一的物理模型来进行各种性能的分析。

3.3.6 BIM 结构分析软件

1. ETABS

ETABS 是由 CSI 公司开发研制的房屋建筑结构分析与设计软件，已有近 30 年的发展历史，是美国乃至全球公认的高层结构计算程序，在世界范围内广泛应用，是房屋建筑结构分析与设计软件的业界标准。目前，ETABS 已经发展成为一个建筑结构分析与设计的集成化环境：系统利用图形化的用户界面来建立一个建筑结构的实体模型对象，通过先进的有限元模型和自定义标准规范接口技术来进行结构分析与设计，实现了精确的计算分析过程，用户可通过自定义的(选择不同国家和地区)设计规范进行结构设计工作。

ETABS 除一般高层结构计算功能外，还可进行钢结构、钩、顶、弹簧、结构阻尼运动、斜板、变截面梁或腋梁等特殊构件和结构非线性计算，甚至可以计算结构基础隔震问题，功能非常强大。

2. STAAD/CHINA

国际化的通用结构分析与设计软件 STAAD/CHINA 由两部分组成：STAAD.Pro 与 SSDD。STAAD.Pro 是由美国著名的工程咨询和 CAD 软件开发公司——REI(Research

Engineering International)在 20 世纪 70 年代开发的通用有限元结构分析与设计软件。

STAAD/CHINA 主要具有以下功能。

1) 强大的三维图形建模与可视化前后处理功能

STAAD 本身具有强大的三维建模系统及丰富的结构模板，可方便快捷地直接建立各种复杂三维模型，亦可通过导入其他软件(例如 AutoCAD)生成的标准 DXF 文件在 STAAD 中生成模型。对各种异形空间曲线、二次曲面，可借助 Excel 电子表格生成模型数据后直接导入到 STAAD 中建模。最新的 STAAD 版本允许通过 STAAD 的数据接口运行用户自编宏建模。高级用户可用各种方式编辑 STAAD 核心的 STD 文件(纯文本文件)建模。可在设计的任何阶段对模型的部分或整体进行任意移动、旋转、复制、镜像、阵列等操作。

2) 超强的有限元分析能力

可对钢、木、铝、混凝土等各种材料构成的框架、塔架、桁架、网架(壳)、悬索等各类结构进行线性、非线性静力、反应谱与时程反应分析。

3) 国际化的通用结构设计软件

STAAD/CHINA 程序中内置了世界 20 多个国家的标准型钢库，用户可直接选用，也可由用户自定义截面库，按照美、英、日、欧洲等世界主要国家和地区的结构设计规范进行设计。

4) 可按中国现行的结构设计

可按《建筑抗震设计规范》(GB 50011—2010)、《建筑结构荷载规范》(GB 50009—2012)、《钢结构设计规范》(GB 50017—2003)等进行设计。

5) 其他特点

普通钢结构连接节点的设计与优化；完善的工程文档管理系统；结构荷载向导自动生成风荷载、地震作用和吊车荷载；方便灵活的自动荷载组合功能；增强的普通钢结构构件设计优化；组合梁设计模块；带夹层与吊车的门式钢架建模、设计与绘图；可与 Xsteel 和 StruCad 等国际通用的详图绘制软件数据接口、与 cis/2、Intergraph PDS 等三维工厂设计软件有接口。

3.3.7 BIM 可视化软件

常用的 BIM 可视化软件有 Autodesk 公司的 3D Max、Lumion、Artlantis、Showcase 和 Lightscape 等。

1. 3D Max

1)　简介

3D Studio Max，简称为 3D Max 或 3ds Max，是 Discreet 公司开发的(后被 Autodesk 公司合并)基于 PC 系统的三维动画渲染和制作软件。其前身是基于 DOS 操作系统的 3D Studio 系列软件。

2)　软件特点

(1)　基于 PC 系统的低配置要求；

(2)　安装插件(plugins)可提供 3D Studio Max 所没有的功能(比如说 3DS Max 6 版本以前不提供毛发功能)以及增强原本的功能；

(3)　强大的角色(Character)动画制作能力；

(4)　可堆叠的建模步骤，使制作模型有非常大的弹性。

3)　软件应用范围

广泛应用于广告、影视、工业设计、建筑设计、三维动画、多媒体制作、游戏、辅助教学以及工程可视化等领域。软件界面如图 3-4 所示。

3D Max 软件
界面.pdf

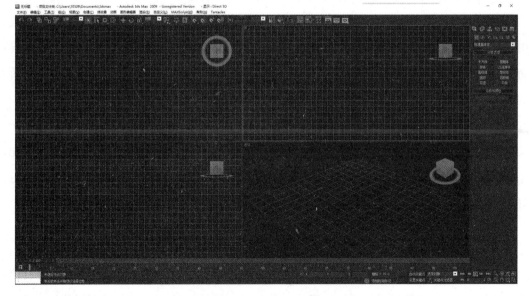

图 3-4　3D Max 软件界面

4)　软件优势

(1)　性价比高。

3D Max 所提供的强大功能远远超过了其低廉的价格，一般的制作公司都可以承受得

起，降低了制作成本。对硬件系统的要求不高，一般普通的配置即可满足。

(2) 上手容易。

3D Max 的制作流程简洁高效，可以很快上手，操作的优化有利于初学者学习。

(3) 使用者多，便于交流。

3D Max 在国内拥有众多的使用者，随着互联网的普及，关于 3D Max 的论坛在国内相当火爆，如果有问题可以在网上一起讨论。

2．Lumion

Lumion 是一个实时的 3D 可视化工具，用来制作电影和静帧作品，涉及建筑、规划和设计领域。它也可以传递现场演示。Lumion 的强大就在于能够提供优秀的图像，并将其快速和高效地与工作流程结合在一起，直接在电脑上创建虚拟现实。高清电影比以前更快；可以在短短几秒内就创造惊人的建筑可视化效果。

Lumion 界面.pdf

3．Artlantis

Artlantis 是法国 Advent 公司重量级的渲染引擎，也是 Sketchup 的一个天然渲染伴侣，它是用于建筑室内和室外场景的专业渲染软件，其超凡的渲染速度与质量，友好和简洁的用户界面令人耳目一新，被誉为建筑绘图场景、建筑效果图画和多媒体制作领域的一场革命。Artlantis 与 Sketchup、3D Max、ArchiCAD 等建筑建模软件可以无缝链接，渲染后所有的绘图与动画影像让人印象深刻。

Artlantis 中许多高级的专有功能为任意的三维空间工程提供真实的基于硬件和灯光现实仿真技术。对于许多主流的建筑 CAD 软件，如 ArchiCAD、VectorWorks、Sketchup、AutoCAD 等，Artlanits 可以很好地支持输入通用的 CAD 文件格式，如 DXF、DWG、3DS 等。

4．Showcase

创建物理样机的过程非常耗时且价格不菲，但是每台物理样机却只能表现一种设计方案。作为 Autodesk 数字样机解决方案的一部分，Autodesk Showcase 软件可以快速、轻松、经济地制定设计决策。借助该软件，可以利用三维 CAD 数据创建逼真、精确、动人的图像，快速对多种设计方案进行评估。

1) 决策更快更明智

作为 Autodesk 数字样机解决方案的组成部分，Autodesk Showcase 可以表现概念设计的外形和品牌特色。可以使用 Showcase 演示多个设计方案——在本地或通过远程会议，以便团队成员和客户制定决策。真实感的图像有利于评审人员浏览实际环境下的设计方案，更迅速地批准设计，便于实现经济高效的评审流程。

2) 数字样机更强大

Showcase 能够快速、清晰地交流创意。支持为数字样机创建出色的三维可视化效果图，并将其放在真实的环境中。利用数字样机反映不同的材质和几何图形，只需点击鼠标便可在不同方案之间进行切换。借助 Showcase，可以精确地表现真实的材质、照明和环境。这一切在转瞬间即可完成。

3) 可视化功能更易于使用

无须成为可视化专家便可创作专业质量、令人惊叹的设计演示文稿。凭借简单的用户界面，完备的应用编程接口(API)和脚本语言，Showcase 可以满足不同水平的用户的需求。在同一应用软件中，可以利用三维 CAD 数据准备、处理和演示高质量的逼真图像。此外，由于能够在进行设计模型变更的同时准备用于设计评审的图像，因此设计和可视化工作可以同步展开，节约了时间。

5. Lightscape

Lightscape 是一个先进的光照模拟和可视化设计系统，用于对三维模型进行精确的光照模拟和灵活方便的可视化设计。Lightscape 是世界上唯一同时拥有光影跟踪技术、光能传递技术和全息技术的渲染软件；它能精确模拟漫反射光线在环境中的传递，获得直接和间接的漫反射光线；使用者不需要积累丰富的经验就能得到真实自然的设计效果。Lightscape 可轻松使用一系列交互工具进行光能传递处理、光影跟踪和结果处理。

3.3.8 二维绘图软件

常用的二维绘图软件有 Autodesk 公司的 AutoCAD 和 Bentley 公司的 Micro Station。

1. AutoCAD

1) 软件介绍

AutoCAD(Autodesk Computer Aided Design)是 Autodesk 公司于 1982 年开发的自动计算机辅助设计软件，用于二维绘图、详细绘制、设计文档和基本三维设计，现成为国际上广为流行的绘图工具。AutoCAD 具有良好的用户界面，通过交互菜单或命令行方式便进行各种操作。它的多文档设计环境，让非计算机专业人员也能很快地学会使用。AutoCAD 具有

广泛的适应性,可以在各种操作系统支持的微型计算机和工作站上运行。可用于土木建筑、装饰装潢、工业制图、工程制图、电子工业、服装加工等多个领域。

2) 基本特点

(1) 具有完善的图形绘制功能。

(2) 有强大的图形编辑功能。

(3) 可以采用多种方式进行二次开发或用户定制。

(4) 可以进行多种图形格式的转换,具有较强的数据交换能力。

(5) 支持多种硬件设备。

(6) 支持多种操作平台。

(7) 具有通用性、易用性,适用于各类用户。

此外,从 AutoCAD 2000 开始,该系统又增添了许多强大的功能,如 AutoCAD 设计中心(ADC)、多文档设计环境(MDE)、Internet 驱动、新的对象捕捉功能、增强的标注功能以及局部打开和局部加载功能。

3) 基本功能

(1) 平面绘图。

能以多种方式创建直线、圆、椭圆、多边形、样条曲线等基本图形对象。提供了正交、对象捕捉、极轴追踪、捕捉追踪等绘图辅助工具。使用正交功能可以很方便地绘制水平、竖直直线,对象捕捉可帮助拾取几何对象上的特殊点,而追踪功能使画斜线及沿不同方向定位点变得更加容易。

(2) 编辑图形。

AutoCAD 具有强大的编辑功能,可以移动、复制、旋转、阵列、拉伸、延长、修剪、缩放对象等。

① 标注尺寸。可以创建多种类型尺寸,标注外观可以自行设定。

② 书写文字。可在图形的任何位置、沿任何方向书写文字,并设定字体、倾斜角度及宽度、缩放比例等属性。

③ 图层管理功能。图形对象都位于某一图层上,可设置图层颜色、线型、线宽等特性。

(3) 三维绘图。

可创建 3D 实体及表面模型,能对实体本身进行编辑。

① 网络功能。可将图形在网络上发布,或是通过网络访问 AutoCAD 资源。

② 数据交换。AutoCAD 提供了多种图形图像数据交换格式及相应命令。

③ 二次开发。AutoCAD 允许用户定制菜单和工具栏，并利用内嵌语言 Autolisp、Visual Lisp、VBA、ADS、ARX 等进行二次开发。

2. Micro Station

Micro Station 是一款用于工程设计的软件，也是一个工程软件平台，在此平台上可以统一管理 Bentley 公司所有软件的文档，实现数据互用。它已成为一个面向建筑工程、土木工程、交通运输、工厂系统、地理空间……多个专业解决方案的核心，也是适用于设计和工程项目的信息和工作流程的集成平台和 CAD 协作平台。在 Bentley 公司各专业软件上创建的信息，都可以通过该平台进行交流和管理，因此具有很强的处理大型工程的能力。

其主要功能如下。

1) 直观的设计建模

可直接建立 3D 实体模型；利用概念设计工具创建 3D 实体模型，进行可视化的概念设计；可以更轻松地塑造实体和表面；支持 3D 打印并实现创建 3D 模型和 2D 设计并与之交互。

2) 逼真的实时渲染与动画

采用 Luxology 渲染引擎技术，可为常用的设计提供近真实时的渲染，加快设计可视化过程，提高渲染图像的质量，通过功能强大的动画和生动的屏幕预览提高真实感。

3) 强大的性能模拟功能

具有检测并解决碰撞、动态模拟、日照和阴影分析、动态平衡照明等功能。

4) 特有的地理坐标系统

利用 Micro Station 特有的地理坐标系，可从空间上协调众多来源的信息。可利用真实背景从空间上定位文件，以便在 Google Earth 中进行可视化审查，并在工作流中发布和引用地理信息 PDF 文件。该地理坐标系涵盖所有类型的 GIS 和土木工程信息，使项目业主能在更广范围内重复使用。

5) 深入的设计审查工具

设计审查工具可帮助用户收集和审查多个设计文件，以协调和分析设计决策，并实时添加项目设计评价。

6) 对文件变更的管理能力和统计能力

项目的 DGN 文件的全部历史都被作为一个完整的组成部分。它的历史日志可以跟踪一个设计所做的任何修改，还可以返回到给定设计的某一历史时刻。

此外，Micro Station 还可在 3D 模型中快速创建 2D 工程图及智能 3D PDF 和 3D 绘图等文档。采用了包括数字权限、数字签名在内的多种安全技术。

3.3.9 BIM 发布和审核软件

常用的 BIM 发布和审核软件包括 Autodesk 公司的 Autodesk Design Review、Adobe 公司的 Adobe PDF 和 Adobe 3D PDF 等。

其中，Autodesk Design Review 以全数字化方式测量、标记和注释二维及三维设计，无须使用原始设计创建软件。软件可以帮助团队成员、现场人员、工程承包商、客户以及规划师在办公室内或施工现场轻松、安全地对设计信息进行浏览、打印、测量和注释。

3.3.10 BIM 深化设计软件

常用的 BIM 深化设计软件有 Tekla Structures，别名 Xsteel，是芬兰 Tekla 公司开发的钢结构详图设计软件。通过创建三维模型自动生成钢结构详图和各种报表。由于图纸与报表均以模型为准，而在三维模型中很容易发现构件之间连接有无错误，所以它保证了钢结构详图深化设计中构件之间的正确性。Xsteel 自动生成的各种报表和接口文件(数控切割文件)，可以服务(或在设备上直接使用)于整个工程。它创建了新方式的信息管理和实时协作。

Xsteel 是一个三维智能钢结构模拟详图的软包。可以在一个虚拟的空间中搭建一个完整的钢结构模型，模型中不仅包括零部件的几何尺寸，也包括材料规格、横截面、节点类型、材质、用户批注语等在内的所有信息。具有用鼠标连续旋转功能，可以从不同方向连续旋转的观看模型中的任意部位。操作者可以在 3D 视图中创建辅助点再输入杆件，也可以在平面视图中搭建。Xsteel 中包含了 600 多个常用节点，只需点取某节点并填写好其中参数，即可。可以随时查询所有制造及安装的相关信息。能随时校核选中的几个部件是否发生了碰撞。模型能自动生成所需图形和数据。所有信息可以储存在模型的数据库内。当需要改变设计时，只需改变模型，其他数据便随之改变，因此可以轻而易举地创建新图形文件及报告。

Xsteel 是一个基于面向对象技术的智能软件包，这就是说模型中所有元素，包括梁、柱、板、节点螺栓等都是智能目标，即当梁的属性改变时相邻的节点也自动改变。Xsteel 自带的绘图编辑器能对图形进行编辑将错误降低到最低限度。Xsteel 是一个开放的系统，可以自己创建节点和目标类型添加到 Xsteel 中去。

Xsteel 可自动生成构件详图和零件详图，其中构件详图还需要在 AutoCAD 中深化为构件图、组立图和零件图，以供装配、箱形组立和加工工段使用；零件详图可以直接或经转化后得到数控切割机所需的文件，实现钢结构设计和加工自动化。

AutoCAD 与 Xsteel 的区别如下。

(1) AutoCAD 只能反映构件的平面图形。Xsteel 不仅在三维模型中反映形象而逼真的立体图形，自动生成图纸及报表，而且具有智能性。即如果某杆件发生变化，节点也相应改变。

(2) AutoCAD 没有材料库，需通过自己创建编辑得到。Xsteel 有强大的材料库，若库中没有，添加也很方便。

(3) AutoCAD 没有杆件连接的节点，只能通过手工逐个创造，非常烦琐。Xsteel 宏中有很多连接节点，并且一个节点可以演变多种节点形式。

(4) AutoCAD 中不能创造参数化节点，没有智能性。Xsteel 中可以创建参数化节点，具有智能性。

(5) AutoCAD 中图纸不能自动生成零件号、材料表、构件表、个人编号。在 Xsteel 中，图纸、材料表、构件表均可自动生成。

(6) AutoCAD 中没有碰撞检查功能，Xsteel 有碰撞检查功能，避免错误。

(7) 在 AutoCAD 中，审核每个构件的相互连接性必须将几张图纸同时连接。Xsteel 中图纸只需审核模型即可。

3.3.11 BIM 造价管理软件

常用的 BIM 造价管理软件有国内的鲁班、广联达等，国外的 Innovaya 和 Solibri 等。

1. 鲁班算量软件

鲁班算量系列软件是国内一款基于 AutoCAD 图形平台开发的工程量自动计算软件，包含的专业有土建预算、钢筋预算、钢筋下料、安装预算、总体预算、钢构预算。整个软件可以用于工程项目预决算以及施工全过程管理。增加时间维度后，可以形成 4D BIM 模型。

鲁班项目基础数据分析系统(LubanPDS)是依托鲁班算量系列软件创建的 BIM 模型，以全过程造价数据为基础，把原来分散在个人手中的工程信息模型汇总到企业，形成一个企

業级项目基础数据库，经授权的企业可以利用客户端进行数据的查询和分析，既可为总部管理和决策提供依据，也可为项目部的成本管理提供依据，并可与 ERP 系统数据对接，形成数据共享。

2. 广联达算量软件

广联达算量系列软件(包括土建算量 GCL、钢筋算量 GGJ、安装算量 GQI、精装算量软件 GDQ)是基于自主知识产权的 3D 图形平台，提供 2D CAD 导图算量、绘图输入算量、表格输入算量等多种算量模式，结合全国各省市计算规则和清单、定额库，运用 3D 计算技术，实现工程量自动统计、按规则扣减等。

广联达图形算量软件基于各地计算规则与全统清单计算规则，采用建模方式，整体考虑各类构件之间的相互关系，以直接输入为补充，主要解决工程造价人员在招投标过程中的算量、过程提量、结算阶段构件工程量计算的业务问题，不仅将使用者从繁杂的手工算量工作中解放出来，还能在很大程度上提高算量工作效率和精度。

广联达图形算量软件的特点很多，下面我们以最新的 GTJ 2018 为例来进行说明。

(1) 量筋合一，效率快。

GTJ 2018 合并了 GCL 和 GGJ 两个软件的功能，使得工作中只需要进行一次建模，省去两软件之间的倒模工作。并且 GTJ 2018 支持 BIM 模型数据上下游的无缝连接，使得土建计量业务范围扩展 10%，工作效率提升 20%~30%。优化了单项工程处理，可将多栋楼和地下室进行结合，达到整个楼盘合为整体的目的。CAD 识别更准确，图纸导入无须转 T3 格式，未识别构件

广联达 GTJ2018
软件的特点.mp3

精准定位提醒。图纸自动识别率提升：图纸导入率 95%以上，柱、墙、梁、板识别率均有大幅提升。汇总计算速度也有所提升。

(2) 准确计算，精确算量。

软件内置各地计算规则，可按照规则自动计算工程量；也可以按照工程需要自由调整计算规则按需计算；GCL 2008 采用广联达自主研发的三维精确计算方法，当规则要求按实计算工程量时，可以三维精确扣减按实计算，各类构件就能得到精确的计算结果。

(3) 工程量表，专业简单。

软件设置了工程量表，回归算量的业务本质，帮助工程量计算人员理清算量思路，完整算量。尤其是 GTJ 2018 在提量整表功能方面的优势。

① 方便套价和方便对量，可以按构件名称、按楼层、按标号任意组合，节省大量整表时间。

② 可以更加便利地对工程进行自查和他查。

(4) 简化界面，流程规范。

界面分组更清晰，弹窗界面和主界面可同时编辑，功能使用场景与操作提示易上手、随时查看。同时功能操作的每一步都有相应的提示，并且从定义构件属性到构件绘制，流程一致。既保障了操作流程规范清晰又降低了学习记忆成本。

(5) 三维处理，直观实用。

GTJ 2018 采用自主研发的三维编辑技术建模处理构件，不仅可以在三维模式下绘制构件、查看构件，还可以在三维中随时进行构件编辑。包括构件图元属性信息，还有图元的平面布局和标高位置，真正实现了所得即所见，所见即能改。

(6) 复杂构件，简单解决。

面对复杂结构的工程算量，GTJ 2018 可以通过调整构件标高，逐一解决。还新增了区域处理的方法，根据工程结构特点，将工程从立面进行划分区域，然后在区域的基础上，对每个区域单独建立需要的楼层，再结合图纸将所有构件绘制到软件中，从而计算工程量，轻松处理错层、跃层、夹层等复杂结构。

(7) 报表清晰，内容丰富。

GTJ 2018 中配置了三类报表，每类报表按汇总层次进行逐级细分来统计工程量；其中指标汇总分析系列报表将当前工程的结果进行了汇总分析，从单方混凝土指标表，再到工程综合指标表，我们可以看到本工程的主要指标，并可根据经验迅速分析当前工程的各项主要指标是否合理，从而判断工程量计算结果是否准确。

(8) 运行环境新要求。

GTJ 2018 在提升诸多功能的同时，软件对运行环境也提出了新的要求。

① 不能在 XP 和苹果系统上使用；

② 不能在内存低于 4G 的电脑上使用。

3.3.12 协同平台软件

常见的协同平台软件有 Bentley ProjectWise、FTP Sites 等，可将项目全生命周期的所有信息进行集中、有效管理。下面主要介绍 Bentley ProjectWise。

Bentley ProjectWise 为用户构建一个集成的协同工作环境，可管理工程项目过程中产生的各种 A/E/C(Architecture/Engineering/Construction)文件内容，使项目各参与方在一个统一的平台上协同工作。

1．协同工作平台

ProjectWise 基于工程全生命周期管理的概念而产生，它把项目周期中各个参与方集成在一个统一的工作平台上，支持异地工作，实现信息的集中存储与访问，从而缩短项目的周期时间，增强了信息的准确性和及时性，提高了各参与方协同工作的效率。ProjectWise 可以将各参与方工作的内容进行分布式存储管理，并提供本地缓存技术。既保证了对项目内容的统一控制，也提高了异地协同工作的效率。ProjectWise 不仅是一个文档存储系统，还是一个信息创建工具，它将 Micro Station、Revit、AutoCAD、Microsoft Office 和 PDF 等软件紧密集成，使其能和许多应用系统方便地创建信息和交换信息。

2．工作流程管理

ProjectWise 可以根据不同的业务规范定义自己的工作流程和流程中的各个状态，并赋予用户在各个状态下的访问权限。当使用工作流程时，文件可以在各个状态之间串行流动到某个状态，在这个状态具有权限的人员就可以访问文件内容。通过工作流的管理，可以更加规范设计工作流程，保证各状态的安全访问。

3．实时性协同工作

所有设计人员在同一环境下进行设计，随时可以参考其他专业的 BIM 模型，并可在任何地点第一时间获得唯一准确的文档。各级管理人员可以随时查看和控制整个项目的进度。

4．规范管理和设计标准

ProjectWise 可以提供统一的工作空间设置，使不同品牌工程软件的用户可以使用规范的设计标准。同时文档编码的设置能够使所有文档按照标准的命名规则来管理，方便项目信息的查询和浏览。

3.3.13 BIM 运营管理软件

常见的 BIM 运营管理软件是 ArchiBUS。

ArchiBUS 公司在过去的 20 多年中一直是全球排名第一的资产及设施整体管理解决方

案 TFM(Total Infrastructure and Facility Management)供应商，在房地产、基础建设、设施及资产管理领域的市场占有率和软件研发能力排名世界第一位。ArchiBUS 公司始终专注于不动产、设施及设备资产管理相关的技术领域，ArchiBUS 的一些技术及方法论已经成为不动产、资产及设施管理领域的行业标准。使用 ArchiBUS，可以更有效地管理设施、空间及设备，更好地应对组织内部和市场变化所带来的空间变更、资产更新。

ArchiBUS 通过对现有空间进行规划分析和优化使用，可以大大提高工作场所利用率。建立空间使用标准和基准，以及透明的预算标准，有利于建立和谐的内部关系。利用强大的 ArchiBUS 空间管理模块，可以很好地满足企业在空间管理方面的各种分析及管理需求，更好地响应企业内各部门对于空间分配的请求及高效处理日常相关事务，准确计算空间相关成本，利用权威方法在企业内部执行成本分摊等内部核算，增强企业各部门控制非经营性成本的意识，提高企业收益。

有效地管理设备和办公家具等固定资产，对于保持机构良好的财务状态是很有帮助的。ArchiBUS/TIFM 的设备及办公家具管理模块是建立在 AutoCAD 基础上的解决方案，通过将设备、家具与空间位置、使用及维护人员有机地结合在一起进行管理，追踪设备的更新、人员和资产的调整，并维护数据记录，同时按照员工确定成本，可以方便地进行设备、人员的搬迁及变更管理。

ArchiBUS/TFM 提供了完整集成的、端到端的资产及设施整体管理的软件解决方案，在资产、不动产及设施管理的各个方面提供先进、领先的应用及专业技术。ArchiBUS 解决方案提供了图形图像和数据库之间的集成，ArchiBUS 通过与 AutoCAD 无缝集成，将 CAD 图形和数据库结合在一起，实现数据库和 CAD 图之间的信息实时更新，因此可以在一个环境中，通过利用 GIS、CAD 空间及设计数据，将不动产、设备、人员、设施、流程、空间位置信息和图形集成到一个计算机管理平台上进行有效管理，帮助用户实质性地追踪设备资产，实现固定资产可视化、图形化。

【案例 3-2】BIM 是建筑从项目立项、规划、概算、设计、预算，到建造、结算、审计、物业等全生命周期中的智能动态控制系统，俗称建筑智能机器人系统。其中包括项目总控、规划、概算、设计、预算、建造、结算、审计、物业等全过程的专业团队。项目的成败在于前期控制，只有用 BIM 技术控制好了规划设计阶段，才能让项目发挥更大的经济效益和社会效益。BIM 软件包括建模软件、分析软件、管控软件、运维软件。

试结合上文分析 BIM 软件在当今建设工程中的作用及使用 BIM 软件的优势。

3.4　国内其他流行 BIM 软件介绍

1. 斯维尔系列

斯维尔系列软件主要涵盖节能设计、算量计算与造价分析等方面。

斯维尔建筑设计软件 TH-Arch 是一套专为建筑及相关专业提供数字化设计环境的 CAD 系统，集数字化、人性化、参数化、智能化、可视化于一体，构建于 AutoCAD 2002～2012 平台之上，采用自定义对象核心技术，将建筑构件作为基本设计单元，多视图技术实现了 2D 图形与 3D 模型的同步一体。该软件支持 Windows 7 的 64 位系统。采用自定义剖面对象，让剖面绘图和平面绘图一样轻松。

斯维尔节能设计软件 THS BECS2010 是一套为建筑节能提供分析计算功能的软件系统，构建于 AutoCAD 2002～2011 平台之上，适于全国各地的居住建筑和公共建筑节能审核和能耗评估。软件采用 3D 建模，可以直接利用主流建筑设计软件的图形文件，避免重复录入，提高了设计图纸节能审查的效率。

斯维尔日照分析软件 THS Sun2010 构建于 AutoCAD 2002～2011 平台之上，支持 Windows 7 的 64 位系统，为建筑规划布局提供高效的日照分析。软件既有丰富的定量分析手段，也有可视化的日照仿真，能够轻松应付大规模建筑群的日照分析。

斯维尔虚拟现实软件 UC-win/Rond 的操作简单、功能实用，可实时虚拟现实。通过简单的电脑(PC)操作，能够制作出身临其境的 3D 环境，为工程的设计、施工以及评估提供了有力的支持。

斯维尔 3D 算量软件 TH-3DA 是基于 AutoCAD 平台的建筑业工程量计算软件，软件集构件与钢筋一体，实现了建筑模型和钢筋计算实时联动、数据共享，可同时输出清单工程量、定额工程量、构件实物量，软件集智能化、可视化、参数化于一体，电子图识别功能强大，可将设计图电子文档快速转换为 3D 实体模型，也可以利用完善便捷的模型搭建系统手工搭建算量模型。

斯维尔安装算量软件 TH-3DM 以 AutoCAD 电子图纸为基础，识别为主、布置为辅，通过建立真实的 3D 图形模型，辅以灵活的计算规则设置，满足给排水、通风、空调、电气、采暖等专业安装工程量计算需求。

斯维尔清单计价软件全面贯彻 GB 50500—2013 规范，是《建设工程工程量清单计价规范》的配套软件。软件涵盖 30 多个省市的定额，支持全国各地市、各专业定新，提供清单计价、定额计价、综合计价等多种计价方法，适用于编制工程概预、结算，以及招投标报价。软件提供二次开发功能，可自定义计费程序和报表，支持撤销、重做操作。

2. 天正系列

天正系列软件采用 2D 图形描述与 3D 空间表现一体化技术，以建筑构件作为基本设计单元,把内部带有专业数据的构件模型作为智能化的图形对象，天正用户可完成各个设计阶段的任务，包括体量规划模型和单体建筑方案比较，适用于从初步设计直至最后阶段的施工图设计，同时可为天正日照设计软件和天正节能软件提供准确的建筑模型。

天正的优点.mp3

建筑设计信息模型化和协同设计化是当前建筑设计行业的需求，天正建筑在这两个领域也取得了重要成果。一是在建筑设计一体化方面，为建筑节能、日照、环境等分析软件提供了基础信息模型，同时也为建筑结构、给排水、暖通、电气等专业提供了数据交流平台；二是为协同设计提供了完全基于外部参照绘图模式下的全专业协同解决技术。

【案例 3-3】随着计算机技术的应用普及，水利工程设计已逐步摆脱了传统的图件绘制工具。天正软件是基于 CAD 平台，针对建筑制图二次开发的新型软件，比 CAD 更加方便、快捷。"天正建筑"是天正软件的重要组成部分，可实现建筑构件设计的统一管理。例如，平面图定义了墙的厚度及轴线位置，立即就能把墙的两面一起画出；定义了门窗大小及位置，立即就可在墙上画出。这些操作只需一步，如果用 CAD 绘制则需要三至五步，甚至更多。该软件不仅大大提升了绘制水利工型图的速度，还可为下步结构配筋计算提供依据，为设备图绘制提供条件，为建筑节能计算提供模型。

试分析天正在水利工程中的应用优势。

3. Bentley Architecture

Bentley Architecture 是立足于 Micro Station 平台，基于 Bentley BIM 技术的建筑设计系统。智能型的 BIM 模型能够依照已有标准或者设计师自订标准，自动协调 3D 模型与 2D 施工图纸，产生报表，并提供建筑表现、工程模拟等进一步的工程应用环境。施工图能依照业界标准及制图惯例自动绘制；而工量统计、空间规划分析、门窗等各式报表和项目技术性规范及说明文件都可以自动生成，让工程数据更加完备。

1) 建筑全信息模型

适用于所有类型建筑组件的全面、专业工具；以参数化的尺寸驱动方式创建和修改建筑组件；针对任何类型建筑对象的可定义的属性架构(属性集)；对设计、文档制作、分析施

工和运营具有重要意义的固有组件属性；用于捕获设计意图的嵌入式参数、规则和约束；利用建筑元素之间的关系和关联迅速完成设计变更；用于自动生成空间、地板和天花板的覆满选项；自动放置墙、柱的表面装饰；包含空间高度检测选项的吊顶工具；地形建模、屋面和楼梯生成工具。

2）施工文档

创建平面图、剖面图和立面图；自动协调建筑设计与施工文档；自动将 3D 对象的符号转换为 2D 符号；根据材料确定影线/图案、批注和尺寸标注；可定义的建筑对象和空间标签；递增式门、窗编号；房间和组件一览表、数量与成本计算、规格；与办公自动化工具兼容，以便进行后续处理和设置格式。

4．理正系列

理正的计算机辅助设计系列软件有建电水系列结构系列、勘察系列和岩土系列。这里主要介绍建电水系列和结构系列。

1）建电水系列

理正建筑 CAD 提供建筑施工图绘制工具，包括平面、立面、剖面和 3D 绘图；尺寸标号标注；文字、表格；日照计算；图库管理和图面布置等。与微软的合作以及对 Autodesk 的支持使理正建筑软件可以在任何装有 AutoCAD 版本的计算机里打开，并可使用纯 AutoCAD 命令编辑。

理正给排水 CAD 具有室内给水、自动喷洒、水力表查询、减压孔板、节流管及雨水管渠等计算功能，可自动进行管段编号，计算出管径，并得到计算书。并按新规范编制了自动喷洒计算程序，迅速完成喷洒系统的计算和校核工作。设有与其他建筑软件的接口，可方便地与建筑专业衔接。

理正电气 CAD 提供电气施工图和线路图绘制工具及各种常用电气计算功能。包括：电气平面图、系统图和电路图绘制；负荷、照度、短路、避雷等计算；文字、表格的录入与制作；建筑绘图；图库管理和图面布置等。

2）结构系列

结构快速设计软件 QCAD 是理正在国内推出基于 AutoCAD 平台的自动绘制结构施工图软件。结合自动绘图与工具集式的绘图，既可利用建筑图和计算数据自动生成梁、柱、墙、板施工图，又提供了大量绘图工具，可对施工图进行深度编辑。

钢筋混凝土结构构件计算模块可完成各种钢筋混凝土基本构件、截面的设计计算；完成砌体结构基本构件的设计计算；软件可自动生成计算书及施工图。

本章小结

本章讲解了 BIM 应用软件基础知识、BIM 建模软件及建模环境、常见的 BIM 软件及国内其他流行 BIM 软件等。通过本章的学习，可以对 BIM 建模环境及建模软件有个基本了解，并举一反三。

实训练习

一、单选题

1. 4D 进度管理软件是在三维几何模型上，附加施工的(　　)。

　　A. 时间信息　　　B. 几何信息　　　C. 造价信息　　　D. 二维图纸信息

2. 5DBIM 施工管理软件是在 4D 模型的基础上，附加施工的(　　)。

　　A. 时间信息　　　B. 几何信息　　　C. 成本信息　　　D. 二维图纸信息

3. 以下不属于 BIM 基础软件特征的是(　　)。

　　A. 基于三维图形技术　　　　　　B. 支持常见建筑构件库

　　C. 支持三维数据交换标准　　　　D. 支持二次开发

4. 项目完全异形、预算比较充裕的企业可优先考虑选择(　　)作为 BIM 建筑软件。

　　A. Revit　　　　B. Bentley　　　C. ArchiCAD　　　D. Digital Project

5. (　　)不是 BIM 建模软件初选应考虑的因素。

　　A. 建模软件是否符合企业的整体发展战略规划

　　B. 建模软件对企业业务带来的收益可能产生的影响

　　C. 建模软件部署实施的成本和投资回报率估算

　　D. 建模软件是否容易维护以及可扩展使用

6. 初选后，企业对建模软件进行使用测试，测试的过程不包括(　　)。

　　A. 建模软件的性能测试，通常由信息部门的专业人员负责

　　B. 建模软件的功能测试，通常由抽调的部分设计专业人员进行

　　C. 建模软件的性价比测试，通常由企业内部技术人员进行

　　D. 有条件的企业可选择部分试点项目，进行全面测试，以保证测试的完整性和可靠性

7. 下面属于 BIM 深化设计软件的是(　　)。

    A. Xsteel   B. SketchUP   C. Rhino   D. AutoCAD

8. 以下不属于 BIM 算量软件特征的是(　　)。

    A. 基于三维模型进行工程量计算   B. 支持二次开发

    C. 支持按计算规则自动算量   D. 支持三维数据交换标准

9. 下面不属于钢结构深化设计目的的是(　　)。

    A. 材料优化   B. 构造优化   C. 确保安全   D. 复核构件强度

10. 下面不属于碰撞检查软件的是(　　)。

    A. Navisworks   B. TeklaBIMSigh   C. Solibri   D. Rhino

二、多选题

1. BIM 应用软件具有的特征有(　　)。

    A. 面向对象   B. 基于三维几何模型   C. 包含其他信息

    D. 支持开放式标准   E. 非关联性

2. 伊士曼(Eastman)将 BIM 应用软件按功能分为三大类,分别为(　　)。

    A. BIM 环境软件   B. BIM 平台软件   C. BIM 工具软件

    D. BIM 建模软件   E. BIM 操作软件

3. (　　)软件属于 BIM 核心建模软件。

    A. Revit   B. Bentley Architecture   C. ArchiCAD

    D. SketchUP   E. Affinty

4. 初选后,企业对建模软件进行使用测试,测试中的评价指标有(　　)。

    A. 功能性   B. 可靠性   C. 易用性

    D. 维护性   E. 多样性

5. 下面属于几何造型软件的有(　　)。

    A. SketchUP   B. Rhino   C. Form

    D. PKPM   E. Green Building Studio

三、简答题

1. 常见的核心建模软件有哪些?

2. 简述 BIM 基础软件的特征。

3. 简述 Revit 软件的特点。

4. 国内其他流行 BIM 软件有哪些?

第 3 章 习题答案.pdf

实训工作单

班级			姓名		日期	
教学项目			熟悉 BIM 建模环境及应用软件			
任务		了解常见的 BIM 软件、建模环境	学习途径		通过相关书籍或者视频学习	
学习目标			主要掌握 BIM 建模环境及相关软件			
学习要点			当前主要使用的 BIM 软件			
学习记录						
评语					指导老师	

第4章 BIM 标准与模型创建

【教学目标】

- 了解 BIM 标准的基本制定原则。
- 熟悉 BIM 的标准内容。
- 熟悉我国 BIM 标准相关内容。
- 熟悉 BIM 模型的创建流程。

第4章 BIM 标准与
模型创建.pptx

【教学要求】

本章要点	掌握层次	相关知识点
BIM 标准的分类	了解 BIM 标准的基本制定原则	BIM 标准分类原则
BIM 各标准的相关内容	熟悉 BIM 的标准内容	BIM 行业标准
参数化建模的概念	了解什么是参数化建模	参数化建模
BIM 建模流程	熟悉 BIM 模型的创建流程	Revit 的相关应用

【案例导入】

越是庞大的工程,BIM 的应用就越需要相关标准的支持。杭州奥体博览城 2006 年规划建设,2007 年正式启动,规划面积近 600 万平方米,已确定建设项目建筑面积达 270 万平方米,是一个庞大的系统工程,总投资 100 多亿元。主体育场馆于 2009 年 10 月 29 日开工。面对如此大的工程,没有一个稳定的行业标准与建设流程是行不通的。

【问题导入】

越是庞大的工程,就越需要相关规范来支持 BIM 的应用。这就需要相关标准的制定,试想标准的制定要涉及哪些内容。

BIM 正向设计
全过程演示.mp4

4.1 概　　述

1．概述

BIM 标准不仅是一个数据模型传递数据的格式标准或者分类标准，还包括对 BIM 各参与方进行数据交换或数据模型交付所需要的内容、节点、深度和格式的规定，对实践流程与管理的规定等，而 NBIMS 实现了这些目标。NBIMS 为创建、交换和管理 BIM 数据提供了有效的、可重复的元素与机制。

管理有两个目标，一个是效果，一个是效率，BIM 标准正是为 BIM 的实现提供了这两方面的助力。首先，BIM 标准为 BIM 的各参与方提供了共同语言。BIM 的实现不可能由一个软件完成，也不可能由一个机构或个体完成。因而不同软件、不同专业之间需要对话，需要共同的语言。通过一致的方法和方式提供项目元素数据，能够方便项目制造者之间的交流。其次，BIM 标准为各方交流提供了统一平台，减少由于不同参与者管理不同的系统和终端而导致的错误信息。最后，BIM 标准能够标准化应用与管理，如合同、交付、沟通和工作流等。BIM 标准在不同项目、项目类别和业主中创造一致性和可预测性，能够帮助降低 BIM 实施过程中的风险。

2．BIM 标准的分类

1）　信息分类标准

不仅是构件属性这种静态信息，还包括过程记录、质量管理等动态信息，所有信息都需要唯一编码，同时也需要按照一定的层次顺序将之归类。国际上通用的标准叫分类编码标准，各个国家制定的标准都不一样，我国主要参考的是美国的 OmniClass 标准。

2）　数据承储标准

把分好类的信息输入计算机，规定其使用什么格式来储存，国际上叫作数据模型标准，最通行的是 IFC。

3）　过程交换标准

就是约定什么人，在什么阶段，生产和使用什么信息。国际上统一叫 IDM 标准，即 Information Delivery Manual，信息交付手册，我国的标准主要参考它进行制定。

随着 BIM 技术应用的迅速发展，有的国家开始制定国家 BIM 标准。

4.2 BIM 标准

4.2.1 NBIMS

美国 BIM 标准 NBIMS(National Building Information Model Standard) 的第一版已于 2007 年问世，是美国第一个完整的具有指导性和规范性的标准。在各方实践的基础上，2012 年，NBIMS 第二版发布，包含了 BIM 参考标准、信息交换标准以及应用三大部分。而 2015 年发布的 NBIMSVer3，正是在第二版的基础上予以完善与扩充，使之更加适用于实践，并更加国际化。

NBIMS 封面.pdf

NBIMS 明确提出，该版标准适用于两类对象。

1．软件开发商和供应商

为软件开发商和供应商提供 BIM 标准，主要目的就是实现数据和信息的互操作性(Interoperability)。NBIMS 第一章和第四章均为其提供了标准。

(1) 参考标准(Reference Standards)：这一系列标准提供了数据词典、数据模型、基于网络的交换以及建筑数据和信息的结构和识别；

(2) 信息交换标准(Exchange Information Standards)：为数据管理、认证、可靠性以及交换概念提供了标准，包括了 COBie。

事实上，实现互操作性，保证信息的自由流动，需要实现以下三点。

① 信息交换格式，数据存储模型——IFC；

② 定义信息交换的内容和时间节点——IDM；

③ 确定交换的信息和所需信息是同一个东西——IFD。

互操作性的
前提条件.mp3

2．设计师、工程建造师、业主和运营者

这部分主要是实务文件(Practice Documents for Implementers)，关注点在于 BIM 的实施。它不仅描述了行业内各专业所需的必要知识、实践和决策过程，亦为建筑全生命周期的管理提供了关键的管理系统和工具。BSI 为组织建筑知识、技术和系统设计了四个主要流程：设计、采购、安装和运营。事实上，NBIMS 仅开发了其中很少的一部分，实务文件部分是

NBIMS 中最不完善的，需要在大量的实践中予以发展。NBIMS 章节安排如图 4-1 所示。

Design	Procure	Assemble	Operate
Requirements	Suppliers	Quality	Commission
Program	Qualifications	Testing	Startup
Schedule	Availability	Validation	Testing
Quality	Stability	Inspection	Balance
Cost	Capacity	Acceptance	Training
Site	Material	Safety	Occupy
Zoning	Submittal	Requirements	Leasing
Physical	Selection	Logistics	Building Management
Utilities	Purchase	Training	Security
Environmental	Certification	Inspection	Tenant Services
Form	Contracting	Schedule	Modify
Architecture	RFQ	Fabrication	Assessment
Structure	RFP	Deliveries	Refurbish
Enclosure	Selection	Resources	Renovate
Systems	Agreement	Installation	Demolish
Estimate	Price	Cost	Maintain
Quantity	Quantity	Productivity	Prevention
System Price	Unit Price	Solicit	Scheduled
Comparison	Labor	Pricing	Warranty
Escalation	Equipment	Selection	Contracted

图 4-1　NBIMS 章节安排

术语定义包括以下几类。

(1)　一般的术语(缩写)117 个，如 BIM、BIMPxP Plan、IDM；

(2)　引用标准(缩写)30 个，如 BEA、CMM、COBie、GUID；

(3)　相关 BIM 组织(缩写)28 个，如 BSI、CSI、IAI；

(4)　数字格式与 XML14 个，如 BIMXML、IFCXML、gbXML、AEX。

第 5 章为附录，附录 A 是 NBIMS-US 专家委员会管理规则，附录 B 为 NBIMS 第一版。

而对应上述两类标准适用对象的参考标准、信息交换标准以及实务文件是 NBIMS 的核心内容。

4.2.2　IFC

IFC 数据模型(Industry Foundation Classes data model)是一个不受某一个或某一组供应商

控制的中性和公开标准，是一个由 building SMART 开发，用来帮助工程建设行业数据互用的基于数据模型的面向对象的文件格式，是 BIM 普遍使用的格式。IFC 的定义可以从以下几方面来理解。

(1) IFC 是一个描述 BIM 标准格式的定义。

(2) IFC 定义建设项目生命周期所有阶段的信息如何提供、如何存储。

(3) IFC 细致到记录单个对象的属性。

(4) IFC 可以从"非常小"的信息一直记录到"所有信息"。

(5) IFC 可以容纳几何、计算、数量、设施管理、造价等数据，也可以为建筑、电气、暖通、结构、地形等许多不同的专业保留数据。

1. IFC 的目标

IFC 的目标是为建筑行业提供一个不依赖于任何具体系统的，适合于描述贯穿整个建筑项目生命周期内产品数据的中间数据标准(Neutral And Open Specification)，应用于建筑物生命周期中各个阶段以及各阶段之间的信息交换和共享。

2. IFC 的内容范围和框架层次

IFC 可以描述建筑工程项目中一个真实的物体，如建筑物的构件；也可以表示一个抽象的概念，如空间、组织、关系和过程等。同时，IFC 也定义了这些物体或抽象概念特性的描述方法。IFC 可以描述的内容包括建筑工程项目的方方面面，其中包含的信息量非常大而且涵盖面很广。因此，IFC 标准的开发人员充分应用了面向对象的分析和设计方法，设计了一个总体框架和若干原则，将这些信息包容进来并很好地加以组织，这就形成了 IFC 的整体框架。IFC 的总体框架是分层和模块化的，整体可分为四个层次，从下到上依次为资源层、核心层、共享层、领域层。

1) 资源层

IFC 资源层的类可以被 IFC 模型结构的任意一层的类引用，可以说其是最基本的，它和核心层一起在实体论水平上构成了产品模型的一般结构，虽然目的结构类的识别还不是基于实体论模型。资源层包含了一些独立于具体建筑的通用信息的实体(Entities)，如材料、计量单位、尺寸、时间、价格等信息。这些实体可与其上层(核心层、共享层和领域层)的实体连接，用于定义上层实体的特性。

2) 核心层

核心层提炼定义了一些适用于整个建筑行业的抽象概念，如 Actor、Group、Process、

Product、Control、Relationship 等。例如，一个建筑项目的空间、场地、建筑物、建筑构件等都被定义为 Product 实体的子实体，而建筑项目的作业任务、工期、工序等则被定义为 Process 和 Control 的子实体。核心层分别由核心(Kemel)和核心扩展(Care Extensions)两部分组成。

IFC Kemel 提供了 IFC 模型要求的所有基本概念，它是一种为所有模型扩展提供平台的重要模型。

核心扩展层包含 Kemel 类的扩展类 IFC Product、IFC Process、IFC Document 和 IFC Mod-eling Aid。

3）　共享层

共享层分类定义了一些适用于建筑项目各领城(如建筑设计、施工管理、设备管理等)的通用概念，以实现不同领域间的信息交换。例如，在 Shared Building Elements schema 中定义了梁、柱、门、墙等；而在 Shared Services Elements schema 中定义了采暖、通风、空调、机电、管道、防火等领域的通用概念。共享层包含了在许多建筑施工和设备管理应用软件之间使用和共享的实体类。

4）　领域层

领域层包含了为独立的专业领域的概念所定义的实体，例如建筑、结构工程、设备管理等。领域层是 IFC 模型的最高级别层，分别定义了一个建筑项目不同领域(如建筑、结构、暖通、设备管理等)特有的概念和信息实体。例如，施工管理领域中的工人、承包商等，结构工程领域中的桩、基础、支座等，暖通工程领域中的锅炉、冷却器等。

3．IFC 在我国的应用

IFC 在我国的应用领域很多，针对当前需求，主要体现在以下两方面。

1）　企业应用平台

我国的建筑企业，特别是大中型设计企业和施工企业，在一个工程项目中，往往会应用多个软件，同时，企业积累了大量的历史资料，这些历史资料同样来自不同的软件开发商，如果没有一个统一的标准，就很难挖掘出里面蕴藏的信息和知识。因此，需要建立一个企业应用平台，集成来自各方的软件，而数据标准将是这个集成平台所不可或缺的。

2）　电子政务

新加坡政府的电子审图系统可能是 IFC 标准在电子政务中应用的最好实例。在新加坡，所有的设计方案都要以电子方式递交政府审查，政府将规范的强制要求编成检查条件，以电子方式自动进行规范检查，并标示出违反规范的地方和原因。这里一个最大的问题是，

设计方案所用的软件各式各样，不可能为每一种软件编写一个规范检查程序。所以，新加坡政府要求所有的软件都要输出符合 IFC2x 标准的数据，而检查程序只要能识别 IFC2x 的数据即可完成任务。随着技术的进步，类似的电子政务项目会越来越多，而标准扮演了越来越重要的角色。

作为 BIM 数据标准，IFC 标准还不完善，其优势还未得到充分体现，原因就在于国际上的大型软件厂商提供了成套的建筑业软件，同一厂商的软件之间可以直接交换数据，但是，在工程项目外形和结构越来越复杂、对分析模拟功能的要求越来越高的趋势下，再大型的软件厂商也很难提供可以解决所有问题的软件产品。同时，因为 BIM 数据将应用于建筑工程的全生命周期，时间跨度大多为 50 年以上，从长远来看，依靠某一个厂商支持的数据标准也具有较高的风险性。正是由于对上述问题的认识，IFC 标准得到越来越广泛的应用。

4.2.3 IDM

如前所述，数据模型标准用于对建筑工程项目全生命周期涉及的所有信息进行详细描述。然而，在建筑工程项目的具体阶段，参与方使用一定的应用软件进行业务活动时，其信息交换需求是具体而有限的。如果对信息交换需求没有规定，即使两个应用软件支持同一数据模型标准(如 IFC 标准)，在二者之间进行信息交换时，很可能出现提供的信息非对方所需的情况，从而无法保证信息交互的完整性与协调性。而 IDM 标准可以用于解决这个问题。

但建筑工程项目包含规划、设计、施工、运营维护等多个阶段，每个阶段以及阶段之间都包含很多不同主题，究竟 IDM 标准应该涵盖哪些主题，特别是目前 BIM 技术的成熟度，先针对哪些主题建立 IDM 标准，是编制 IDM 标准时必须考虑的问题。

为引导 IDM 健康有序的发展，BSI 组织于 2011 年提出了 IDM 发展路线图。该路线图将项目过程划分为 10 个阶段，这 10 个阶段分为项目前 (Pre-Project)、施工前 (Pre-Construction)、施工期(Construction)、施工后(Post-Construction)四个组，并对各阶段有待开发的 IDM 标准进行了总结。

IDM 对于不同类型用户发挥着不同的作用，IDM 服务群体如图 4-2 所示。

IDM 标准对建筑工程项目的过程信息交换需求进行了详细规定，从而使该活动对应的信息交换有据可依，保证了信息交换的完整性与协调性。

具体来讲，对于 BIM 用户，IDM 标准有以下作用。

(1) 以通俗易懂的语言与形式对建筑工程项目的实施过程进行明确描述,促使工作流程实现标准化。

(2) 明确用户在不同阶段进行不同工作时需要的信息,便于用户接收信息的完整性与正确性。

(3) 明确用户在不同阶段进行不同工作时需提交的信息,使相关工作更具有针对性。

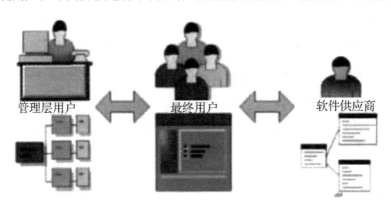

图 4-2 IDM 服务群体

对于 BIM 应用软件开发者,IDM 标准有以下作用。

(1) 识别并描述对建筑工程项目实施过程的详细分解,为 BIM 应用软件中相关工作流程的建立提供参考。

(2) 对各任务涉及的相关信息的类型、属性等进行详细描述,为基于数据标准(如 IFC 标准)建立相应的数据模型提供依据。

4.2.4 IFD

在信息交换过程中会碰到这样的情形:基于某数据标准(如 IFC 标准)描述某事物时,需要用自然语言为一些属性赋值,但这一自然语言能否被另一个 BIM 应用软件理解是不能确定的。例如,一名建筑师在建立 BIM 模型时,梁的组成材料可设置为"混凝土",也可设置为"砼",甚至可以用英文表示为"concrete"。这种信息表示形式存在很大的随意性,对于人来讲理解不是问题,但计算机则不能直接识别出该信息。

1. IFD 的组成

为解决以上问题,IFD(International Framework for Dictionaries,国际字典框架)的概念应运而生,其由以下三部分组成。

1) 概念

每一个概念包含全局唯一标识符(Globally Unique Identifier)、名字(name)、描述(descniption)三个部分。其中一个概念只对应一个全球唯一标识符;对应多种名字,如混凝土这个概念可对应"混凝土""砼""concrete"等;对应多种描述,对混凝土可描述其材料组成、力学性质等,在信息交换时,各计算机系统只需交换 GUID 便完成了该概念所不所涉及信息的交换。

2) 关系

概念与概念之间存在各种关系,如组成关系、父子类关系等,如图 4-3 所示。以围框内的关系为例,该关系表示门由门扇与门框组成。

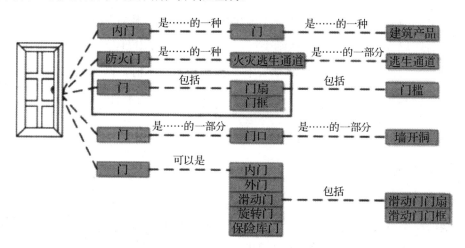

图 4-3 与门相关的各概念间的关系

3) 过滤

对概念体系的过滤是基于一定标准的,即背景(context),背景是一系列关系的集合,用用表示整个概念体系的一部分。例如,基于某背景过滤 IFD 形成的概念体系可与前面介绍的 Ominiclass 相对应。

2. IFD 的内涵

虽然 IFD 的字面意思为"字典",但其意义不仅限于此,还可以从三个层面上对其进行理解。

1) 字典

IFD 中每一个概念都有一个 GUID,都对应多个名字与描述方式。就像查字典一样,计算机或用户通过查找 GUID 就能找到该概念对应的多个名字或描述方式。

2) 概念体系(或本体)

IFD 中各概念并不是孤立存在的，它们之间存在着关系，利用该关系，概念之间可以互相描述。例如，对"门"的描述可以为"门"由"门扇"与"门框"组成；对"门框"的描述可以为"门框"是"门"的组成部分。对于具体某用户或工程项目的某阶段，可能不需要该概念体系的所有概念，可基于背景(context)对其进行过滤，从而获得符合需要的子概念体系(或视图)。

3) 映射机制

这里以"窗"为例来说明此机制。IFD 字典集合了窗的概念及与其关联的所有属性概念(Property concept，概念的一种)，从而形成了一个包含所有窗属性的最一般意义上的"窗"的概念。基于不同的背景，如"In a CAD system"，只有部分属性用于描述"窗"。在不同的背景中，有些属性可以共享，有些则不可，这些属性都与 IFD 字典中的属性相映射。这样带来的好处是，当某背景下的 BIM 数据传送到另一背景下时，两背景共享的属性概念能在新的背景下得到识别与应用，保证了信息传递的准确性与可靠性。

3. IFD 库的应用

IFD 应用的具体形式是数据库，即 IFD 库。很显然，对于 IFD 库来说，建立其包含的内容要比建立其结构困难得多。

IFD 库的应用方式是调用其提供的 API。对该数据库的应用有在线与离线两种模式。利用在线模式时，BIM 应用软件开发人员将本地软件远程连接到 IFD 官方服务器上，BIM 应用软件运行时实时与 IFD 官方服务器交互，该方式可保证软件调用的是 IFD 的最新数据；利用离线模式时，BIM 应用软件开发人员先下载 IFD 数据库到本地，BIM 应用软件在本地调用该数据库，该方式不能保证软件调用的是 IFD 的最新数据。此外，IFD 官方组织提供了相关工具用于查看 IFD 的信息和向 IFD 数据库录入信息(录入的信息需经 IFD 组织审核通过)等。

IFD 作为一套中立的概念体系，可以应用于多个领域。下面以两个常见应用场景为例说明 IFD 库的应用。

1) 语言翻译

将 BIM 模型中的信息翻译成其他语言，系统只需识别该信息在 IFD 库中对应的 GUID，然后选择该 GUID 下对应的其他语言将其替代即可完成翻译。

2) IFD 概念与 IFC 实体的绑定

IFD 库中的概念在 IFC 标准中分别以实体 IfcLibraryDereference 与 IfcLibraryInformation

的形式存在。这两个实体共同组成 IfcLibrarySelect，并通过关系实体 IfcRelAssociatesLibrary 与 IFC 标准中的 IfcRoot 实体关联，从而实现 IFD 概念与 IFC 实体的绑定。通过该绑定，软件开发商可以基于相同的 GUID 将产品数据库中的产品信息与 BIM 模型进行连接，实现两类信息的集成，大大丰富 BIM 模型的内容。

4.2.5 我国相关标准

我国的 BIM
标准.mp3

为了促进我国 BIM 的发展，规范 BIM 的应用，除了国际上的 BIM 标准，我国也制定了符合我国行业现状的 BIM 标准，具体如下。

1．《建筑信息模型分类和编码标准》(已发布)

该标准与 IFD 关联，基于 Omniclass，面向建筑工程领域，规定了各类信息的分类方式和编码方法，这些信息包括建设资源、建设行为和建设成果。对于信息的整理、关系的建立、信息的使用都起到了关键性作用。

2．《建筑信息模型存储标准》(在编)

该标准正在编制中，基于 IFC，针对建筑工程对象的数据描述架构(Schema)做出规定，以便于信息化系统能够准确、高效地完成数字化工作，并以一定的数据格式进行存储和交换。

3．《建筑信息模型设计交付标准》(已发布)

该标准含有 IDM 的部分概念，也包括设计应用方法。规定了交付准备、交付物、交付协同三方面内容，包括建筑信息模型的基本架构(单元化)、模型精细度(LOD)、几何表达精度(Gx)、信息深度(Nx)、交付物、表达方法、协同要求等。另外，该标准指明了设计 BIM 的本质，就是建筑物自身的数字化描述，从而在 BIM 数据流转方面发挥标准引领作用。行业标准《建筑工程设计信息模型制图标准》是本标准的细化和延伸。

4．《建筑信息模型应用统一标准》(已发布)

该标准对建筑工程建筑信息模型在工程项目全生命周期的各个阶段建立、共享和应用进行统一规定，包括模型的数据要求、模型的交换及共享要求、模型的应用要求、项目或企业具体实施的其他要求等，其他标准应遵循统一标准的要求和原则。

5. 《建筑信息模型施工应用标准》(已发布)

该标准规定了在施工阶段 BIM 具体的应用内容、工作方式等。

随着整个行业的不断推进，我国的 BIM 标准也会越来越完善，应用环境也将得到前所未有的改善。

【案例 4-1】《标准》从深化设计、施工模拟、预制加工、进度管理、预算与成本管理、质量与安全管理、施工监理、竣工验收等方面提出了建筑信息模型的创建、使用和管理要求。由王丹、谢卫等 10 位行业专家组成的标准审查委员会认为，《标准》充分考虑了我国现阶段工程施工中建筑信息模型的应用特点，内容科学合理，可操作性强，对促进我国工程施工建筑信息模型应用和发展具有重要的指导作用。

结合上文分析 BIM 标准的重要性。

4.3　BIM 模型创建

4.3.1　参数化建模

图形由坐标确定，这些坐标可以通过若干参数来确定。例如，要确定一扇窗的位置，可以输入窗户的定位坐标，也可以通过几个参数来定位；放在某段墙的中间、窗台高度 900、内开，这样这扇窗在这个项目的生命周期中就与这段墙发生了永恒的关系，系统将把这种永恒的关系记录下来，除非被重新定义。

参数化建模用专业知识和规则来确定。几何参数和约束的一套建模方法从宏观层面可以总结出参数化建模的以下几个特点。

(1) 参数化对象是有专业性或行业性的，例如门、窗、墙等，而不是纯粹的几何图元；(因此基于几何元素的 CAD 系统可以为所有行业所用，而参数化系统只能为某个专业或行业所用)。

(2) 这些参数化对象(在这里就是建筑对象)的参数是由行业知识(Dimain Knowledge)来驱动的，例如，门窗必须放在墙里面，钢筋必须放在混凝土里面，梁必须要有支撑等。

(3) 行业知识表现为建筑对象的行为，即建筑对象对内部或外部刺激的反应，例如，层高发生变化，楼梯的踏步数量自动变化等。

参数化对象对行业知识广度和深度的反应模仿能力决定了其智能化程度，也就是建模系统的参数化程度。

从微观层面看，参数化模型系统具有以下特点。

(1) 可以通过用户界面(而不是像传统 CAD 系统那样必须通过 API 编程接口)创建形体，以及对几何对象定义和附加参数关系与约束，创建的形体可以通过改变用户定义的参数值和参数关系进行处理。

(2) 用户可以在系统中对不同的参数化对象施加约束。

(3) 对象中的参数是显式的，这样某个对象中的一个参数可以用来推导其他空间上相关对象的参数。

(4) 施加的约束能够被系统自动维护(例如两墙相交，一墙移动时，另一墙体需自动缩短或增长以保持与之相交)。

(5) 是 3D 实体模型等。

4.3.2 BIM 建模流程

创建 BIM 模型是一个从无到有的过程，而这个过程需要遵循一定的建模流程。建模流程一般需要从项目设计建造的顺序、项目模型文件的拆分方式和模型构件的构建关系等几个方面来考虑。

本节主要介绍 Revit 建模时需要考虑的工作流程，如图 4-4 所示。

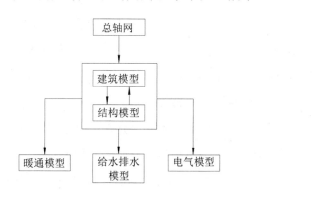

建模流程.pdf

图 4-4　Revit 建模流程

国内工程项目一般都采用传统的"设计→招标→施工→运营" 流程，BIM 模型也是在这个过程中不断生成、扩充和细化的。当一个项目在设计方案阶段就生成方案模型，则之后的深化设计模型、施工图模型，甚至是施工模型都可以在此基础上深化得到。对于项目中的不同专业团队，共同协作完成 BIM 模型的建模流程一般按先土建后机电，先粗略后精

细的顺序来进行。

首先确定项目的轴网，也就是项目坐标。对于一个项目，不管划分成多少个模型文件，所有模型文件的坐标必须是唯一的，只有坐标原点唯一，各个模型才能精确整合。通常，一个项目在开始以前需要先建立一个唯一的轴网文件作为基准，并以这个轴网文件为参照进行模型的建立。

这里还要特别说明一下的是，与传统 CAD 不同，Revit 软件的轴网是有三维空间关系的。所以，Revit 中的标高和轴网是有密切关系的，或者说 Revit 的标高和轴网是一个整体，通过轴网的"3D"开关控制轴网在各标高的可见性。因此，在创建项目的轴网文件时，也要建立标高，并且遵循"先建标高，再建轴线"的顺序，以保证轴线建立后在各标高层都可见。

建好轴网文件后，建筑专业人员创建建筑模型，结构专业人员创建结构模型，并在 Revit 协同技术的保障下进行协调。建筑和结构专业模型是一个 Revit 文件，也可以分为两个专业文件，或是更多更细分的模型文件，这主要取决于项目的需要。当建筑模型和结构模型完成后，水暖电专业人员在此基础上再完成各自专业的模型。

由于 BIM 模型是一个集项目信息大成的数据集合体，与传统的 CAD 应用相比，数据量要大得多，所以很难把所有项目数据保存成一个模型文件，而需要根据项目规模和项目专业拆分成不同的模型文件。所以建模流程还和项目模型文件的拆分方式有关，如何拆分模型文件就要考虑团队协同工作的方式。

在拆分模型过程中，要考虑项目成员的工作分配情况和操作效率。模型尽可能细分的好处是可以方便项目成员的灵活分工，另外单个模型文件越小，模型操作效率越高。通过模型的拆分，将可能产生很多模型文件，从几十到几百个文件不等，这里要说明一下 Revit 的两种协同方式："工作集"和"链接"。

这两种方式各有优缺点，但最根本的区别是："工作集"允许多人同时编辑相同模型，而"链接"是独享模型，当某个模型被打开时，其他人只能"读"不能"改"。

理论上讲"工作集"是更理想的工作方式，既解决了一个大型模型多人同时分区域建模的问题，又解决了同一模型可被多人同时编辑的问题。而"链接"只解决了多人同时分区域建模的问题，无法实现多人同时编辑同一模型。"工作集"方式在软件实现上比较复杂，对团队的 BIM 协同能力要求很高，而"链接"方式相对简单、操作方便，使用者可以依据需要随时加载模型文件，尤其是对大型模型的协同工作，性能表现较好，特别是在软件的操作响应上。

最后，Revit 建模流程还与模型构件的构建关系有关。

作为 BIM 软件，Revit 将建筑构件的特性和相互的逻辑关系放到软件体系中，提供了常用的构件工具。例如"墙""柱""梁""风管"等，每种构件都具备相应的构件特性，结构墙或结构柱是要承重的，建筑墙或建筑柱只起围护作用。一个完整的模型构件系统实际就是整个项目分支系统的表现，模型对象之间的关系遵循实际项目中构件之间的关系，门窗只能建立在墙体之上，如果删除墙，放置在其上的门窗也会被一起删除，所以建模时就要先建墙体再放门窗。

建模流程是灵活多样的，不同的项目要求、不同的 BIM 应用要求、不同的工作团队都会有不同的建模流程，如何制定一个合适的建模流程，需要在项目实践中探索和总结，也需要 BIM 项目实战经验的积累。

【案例 4-2】1 月 15 日，南京国家健康医疗大数据中心和人类基因组测序中心实验室顺利交付。项目中，扬子科创集团与亚厦股份利用 EPC-设计施工总承包模式，打造了项目运营、施工的一大特色。

亚厦充分发挥大设计、大施工作战的资源优势，迅速组建由建筑、机电安装、装饰、BIM 各专业组成的项目大设计团队，成立以土建、安装、装饰和集采为一体的大施工项目部。设计施工由亚厦第三工程管理公司统一组织领导，围绕着统领、统揽、统管，协调有序地开展工作。

针对实验室全封闭净化空间、特殊设备的使用要求，以及大数据中心大量机柜设备和管线等专业要求，机电安装设计师充分、快速、准确地把握设计思路。装饰设计师在确保项目整体风格的基础上，通过与 7 家入驻企业沟通，满足了不同业主个性化的装饰风格要求。此外，BIM 技术贯穿于设计全程，各专业之间的联动使得设计效率大幅提高。

结合上文分析 BIM 技术在攻克工期难题上所发挥的作用。

4.3.3　基本注意事项

1. 各构件搭建过程中

(1) 一定要对图纸有深入理解，再开始画图，否则后期会因为看图不仔细，而花去很多修改的时间。

(2) 单个构件在绘图时，各图元的参数尽量一开始就设置正确，这样绘图就可以一步到位，虽然各构件是可以修改的，但是修改会耗费大量时间。对画图的人来说，画图有时

会比修改图更快。

2．各专业搭建模型时

(1) 各图元命名应准确。这个准确的意思是按照招标清单的要求，可以搜索任意想提出的工程量。

(2) 各图元截面图形、可见性等的设置。这是为了后期出图，所以在搭建图元时一并设置好。

3．结构专业搭建模型时

(1) 结构专业的模型相对来说比较容易，在这里需要注意的是，在 Revit 中，板和柱、梁的剪切关系不符合实际，需要手动修改。

(2) 结构上的预留洞口要和其他专业配合留置。

4．建筑专业搭建模型时

(1) 如果没有深化的装饰图纸的话，建筑专业可以根据建筑说明把工程做法做上，这个也可以根据甲方要求具体问题具体分析。

(2) 建筑专业在绘制墙体时，不可避免地要考虑墙的高度问题。这个可以根据具体要求来定，比如模型只是做展示，则可不考虑与柱板等的扣减问题，墙起到围护作用即可，这样做是为了后期可以在墙上添加面层，整体看起来美观一些。如对模型要求较高，需要提取工程量，则应按照实际施工绘制墙体。

(3) 建筑图上的构件，比如散水、坡度、栏杆、女儿墙等，图中只是示意，但通常都会给出图集，因此需要按照图集绘制模型。

5．装饰专业搭建模型时

(1) 如果有深化的装饰图纸，则根据装饰图纸搭建模型的面层。一般要给出贴图，这样更显真实。

(2) 装饰的图会有造型，需要细心和耐心。

6．机电专业搭建模型时

(1) 机电专业的模型都由管线、附件及设备组成。绘图时需要设置好系统，如果系统错了，修改起来更麻烦，所以，画图时看图很重要，要深入理解图纸然后再画，争取一次画对，避免后期修改。

(2) 一些没有的设备族是需要新做的，新做的族尽量避免用常规模型做，以方便和管路的对接。

各专业模型搭建完毕后，就可以整合模型了。

本章小结

本章主要介绍了 BIM 相关标准，BIM 的发展离不开规范，二者相互协同发展，同时推动着整个建筑行业的发展。同时介绍了 BIM 的模型创建基本流程，感兴趣的同学可查阅相关书籍进行详细了解。

实训练习

一、单选题

1. 约定什么人，在什么阶段，生产和使用什么信息的是( )。

    A. 信息分类标准   B. 数据承储标准

    C. 过程交换标准   D. 工程算量标准

2. 以下对 IFC 的描述，不正确的是( )。

    A. IFC 是一个描述 BIM 的标准格式的定义

    B. IFC 定义建设项目生命周期所有阶段的信息如何提供、如何存储

    C. IFC 细致到记录单个对象的属性

    D. IFC 可以从"非常大"的信息一直记录到"所有信息"

3. 基于 IFC 编制的标准是( )。

    A. 《建筑信息模型分类和编码标准》

    B. 《建筑信息模型存储标准》

    C. 《建筑信息模型设计交付标准》

    D. 《建筑信息模型应用统一标准》

4. 以下对参数化建模叙述不正确的是( )。

    A. 参数化对象是有专业性或行业性的

    B. 这些参数化对象的参数是由行业知识来驱动的

C. 行业知识表现为建筑对象的行为，即建筑对象对内部或外部刺激的反应

D. 参数化建模便于信息化系统准确、高效地完成数字化工作

5. 目前国内工程项目一般都采用(   )传统的项目流程。

A. 设计→招标→施工→运营　　　　B. 招标→设计→施工→运营

C. 设计→招标→施工→交付　　　　D. 招标→设计→施工→交付

二、多选题

1. BIM 标准的分类标准有(   )几项。

A. 信息分类标准　　　　B. 数据承储标准　　　　C. 过程交换标准

D. 数据编码标准　　　　E. 钢筋算量标准

2. NBIMS 标准适用于两类对象有(   )。

A. 施工工人　　　　　　　　　　B. 社会监督机构

C. 软件开发商和供应商　　　　　D. 施工承包商

E. 设计师、工程建造师、业主和运营者

3. IFC 的总体框架是分层和模块化的，整体可分为(   )层次。

A. 资源层　　　　B. 核心层　　　　C. 共享层

D. 领域层　　　　E. 数据层

4. IDM 标准对于不同的人群有着不同的内容，对于用户来讲，可以明确以下(   )内容。

A. 以通俗易懂的语言形式对建筑工程项目的实施过程进行明确描述，促使工作流程实现标准化

B. 明确在不同阶段进行不同工作时需要的信息，便于用户确认接收信息的完整性与正确性

C. 识别并描述对建筑工程项目实施过程的详细分解，为 BIM 应用软件中相关工作流程的建立提供参考

D. 明确在不同阶段进行不同工作时需提交的信息，使相关工作更具有针对性

E. 对各任务涉及的相关信息的类型、属性等进行详细描述，为基于数据标准(如 IFC 标准)建立相应的数据模型提供依据

5. IFD 的组成包括(   ) 部分。

A. 数据　　　　B. 概念　　　　C. 标准

D. 关系　　　　E. 过滤

三、简答题

1. 简述 BIM 标准的分类原则。

2. 为了规范 BIM 的开发应用，我国制定了哪些相应标准？如何应用？

3. 什么是参数化建模？

第 4 章 习题答案.pdf

实训工作单一

班级		姓名		日期	
教学项目		BIM 标准的相关知识			
任务	了解 BIM 标准相关内容	学习途径	本书中的相关知识,自行查找相关书籍		
学习目标		熟悉 BIM 标准及模型创建			
学习要点		BIM 建模流程			
学习记录					
评语				指导老师	

实训工作单二

班级			姓名		日期	
教学项目			BIM 标准的相关知识			
任务	了解 BIM 模型的创建及注意事项			学习途径	本书中的相关知识，自行查找相关书籍	
学习目标				熟悉 BIM 标准及模型创建		
学习要点						
学习记录						
评语					指导老师	

第 5 章　项目 BIM 实施与应用

- 了解 BIM 的实施与应用概况。
- 熟悉 BIM 的组织架构及阶段性内容。
- 了解 BIM 的项目总结与评估内容。
- 熟悉 BIM 在相关阶段的应用。

第 5 章　项目 BIM　　　项目 BIM 实施与　　　项目 BIM 实施与
实施与应用.pptx　　　应用.mp4　　　　　　应用演示.mp4

🚶 【教学要求】

本章要点	掌握层次	相关知识点
BIM 项目决策阶段	掌握 BIM 相关技术路线的制定	BIM 决策阶段应用价值
BIM 项目实施阶段	熟悉 BIM 的组织架构及资源配置要求	BIM 施工阶段应用价值
项目总结与评估内容	了解 BIM 的项目总结与评估内容	项目评估与分析
项目各阶段的 BIM 价值	熟悉 BIM 在相关阶段的应用	BIM 应用价值分析

⚙️ 【案例导入】

　　上海中心大厦,位于浦东陆家嘴功能区,占地 3 万多平方米,主体建筑结构高度为 580m,总高度为 632m,总建筑面积为 57 万平方米。"上海中心"总投入将达 148 亿元,在 2010 年上海世博会时地下部分封顶,2012 年结构封顶且部分投入运营,2014 年竣工交付使用。

　　在本项工程中数据共享起到了至关重要的作用。项目采用鲁班 PDS 系统管理和共享 BIM 数据,项目部成员可随时访问。

🗄️ 【问题导入】

　　数据共享作为 BIM 应用的一项突出优势,为工程带来了很多便利。结合自身认识,简述 BIM 数据共享在整个项目中发挥了哪些作用?所谓"共享"都共享了哪些内容?

5.1　项目 BIM 实施与应用概况

项目 BIM 实施与应用指的是基于 BIM 技术对项目进行信息化、集成化及协同化管理的过程。

引入 BIM 技术，将从建设工程项目的组织、管理的方法和手段等多个方面进行系统的变革，实现建设工程信息积累，从根本上消除信息的流失和信息交流的障碍。

应用 BIM 技术，能改变传统的项目管理理念，引领建筑信息技术走向更高层次，从而大大提高建筑管理的集成化程度。从建筑的设计、施工、运营，直至建筑全生命周期的终结，各种信息始终被整合于一个三维模型信息数据库中，BIM 技术可以轻松地实现集成化管理，如图 5-1 所示。

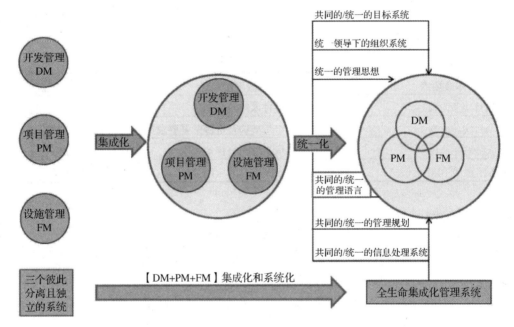

图 5-1　基于 BIM 的集成化管理图

应用 BIM 技术，可为工程提供数据后台的强大支持，使业主、设计院、顾问公司、施工总承包、专业分包、材料供应商等众多单位在同一个平台上实现数据共享及协同工作，使沟通更为便捷、协作更为紧密、管理更为有效，从而革新传统的项目管理模式。

5.2 项目决策阶段

5.2.1 项目 BIM 实施目标的制定过程及分类

BIM 应用阶段
示意图.pdf

BIM 实施目标即在建设项目中将要实施的主要价值和相应的 BIM 应用(任务)。这些 BIM 目标必须是具体的、可衡量的,以及能够促进建设项目的规划、设计、施工和运营成功。

BIM 目标可分为两大类。

第一类项目目标,项目目标包括缩短工期、提高现场生产效率质量、为项目运营争取重要信息等。项目目标又可细分为以下两类。

(1) 跟项目的整体表现有关,包括缩短项目工期、降低工程造价、提升项目质量等,例如关于提升质量目标包括通过能量模型的快速模拟到一个能源效率更高的设计、通过统的 3D 协调得到一个安装质量更的设计、开发一个精确的记录模型改善运营模型建立的质量等。

(2) 跟具体任务的效率有关,包括利用 BIM 模型更高效地绘制施工图、通过自动工程量统计更快做出工程预算、减少在物业运营系统中输入信息的时间等。

第二类公司目标,公司目标包括业主通过样板项目描述设计、施工、运营之间的信息交换,设计机构获取高效使用数字化设计工具的经验等。

企业在应用 BIM 技术进行项目管理时,需明确自身在管理过程中的需求,并结合 BIM 本身特点来确定项目管理的服务目标。在定义 BIM 目标的过程中可以用优先级表示某个 BIM 目标对该建设项目设计、施工、运营成功的重要性,对每个 BIM 目标提出相应的 BIM 应用。BIM 目标可对应某一个或多个 BIM 应用。

为完成 BIM 应用目标,各企业应紧随建筑行业技术发展步伐,结合自身在建筑施工领域全产业链的资源优势,确立 BIM 技术应用的战略思想。例如某施工企业根据其"提升建筑整体建造水平、实现建筑全生命周期精细化动态管理、实现建筑生命周期各阶段参与方效益最大化"的 BIM 应用目标,确立了"以 BIM 技术解决技术问题为先导、通过 BIM 技术实现流程再造为核心,全面提升精细化管理,促进企业发展"的 BIM 技术应用战略思想。

公司如果没有服务目标,盲从发展 BIM 技术,可能会出现在弱势技术领域过度投入,造成不必要的资源浪费,只有结合自身建立有切实意义的服务目标,才能有效提升技术实力。

5.2.2 项目 BIM 技术路线的制定

项目 BIM 技术路线是指对要达到项目目标准备采取的技术手段、具体步骤及解决关键性问题的方法等在内的研究途径，合理的技术路线可保证顺利实现既定目标。

在确定技术路线的过程中，根据 BIM 应用的主要业务目标和项目、团队、企业的实际情况选择"合适"的软件，从而完成相应的 BIM 应用内容，这里的"合适"是综合分析项目特点、主要业务目标、团队能力、已有软硬件情况、专业和参与方配合等各种因素以后得出的结论，从目前的实际情况来看，总体"合适"的软件未必对每一位项目成员都"合适"，这就是 BIM 软件的现状。因此，不同的专业使用不同的软件，同一个专业由于业务目标不同也可能会使用不同的软件，这都是 BIM 应用中软件选择的常态，目前全球同行和相关组织如 Building SMART International 正在努力改善整体 BIM 应用能力的主要方向，也是为了提高不同软件之间的信息互用水平。

以施工企业土建安装和商务成本控制两类典型部门的 BIM 应用情况为例，主要的技术路线有以下四种。

1. 技术路线 1

技术路线 1 即商务部门根据 AutoCAD 施工图，利用广联达、鲁班及斯维尔等算量软件建模，从而计算工程量及成本估算。而技术部门根据 AutoCAD 施工图，利用 Revit、Tekla 等建模，从而进一步深化设计、施工过程模拟、施工进度管理及施工质量管理等，如图 5-2 所示。

技术路线 1 的不足之处是：同一个项目技术部门和商务部门需要根据各自的业务需求创建两次模型，技术模型跟算量模型之间的信息互用还没有成熟到普及。但这是目前看来业务上和技术上都比较可行的路线。

2. 技术路线 1a

技术路线 1a 即商务部门根据 AutoCAD 施工图，利用广联达、鲁班及斯维尔等算量软件建模，从而计算工程量及成本估算。而技术部门根据建立的模型再利用 Revit、Tekla 等建模，从而进一步深化设计、施工过程模拟、施工进度管理及施工质量管理等，如图 5-3 所示。

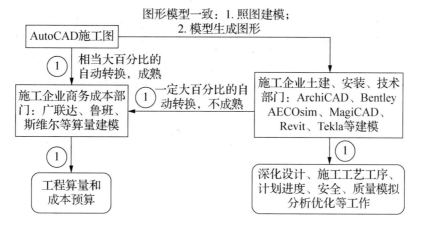

图 5-2　施工企业 BIM 应用技术路线 1

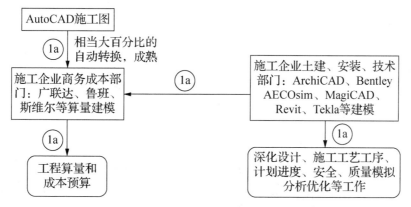

图 5-3　施工企业 BIM 应用技术路线 1a

　　技术路线 1a 与技术路线 1 的共同点是：技术和商务使用两个不同的模型和软件实现各自的业务目标，不同模型之间的信息互用减少或避免了两个模型建立的重复工作。

3．技术路线 2

　　技术路线 2 即技术部门根据 AutoCAD 施工图，利用 Revit、Tekla 等建模，从而进一步深化设计、施工过程模拟、施工进度管理及施工质量管理等，商务部门根据技术部门所建的模型进行工程量计算及成本估算，如图 5-4 所示。

　　技术路线 2 中，"用土建、机电、钢构等技术模型完成算量和预算"的做法已经有 VICO、Innovaya 等成功先例。

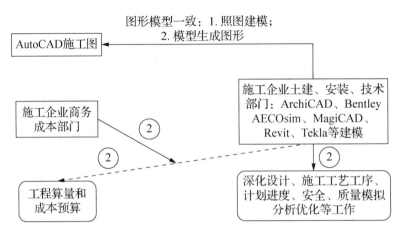

图 5-4　施工企业 BIM 应用技术路线 2

4．技术路线 3

技术路线 3 即商务部门根据 AutoCAD 施工图，利用广联达、鲁班及斯维尔等算量软件建模，从而计算工程量及成本估算。而技术部门根据商务部门建立的模型进行深化设计、施工过程模拟、施工进度管理及施工质量管理等，如图 5-5 所示。

技术路线 3 中，"用算量模型完成土建、机电、钢构技术任务"的做法目前还没有类似的尝试，这样的做法无论从技术上还是业务流程上其合理性和可行性都还值得商榷。

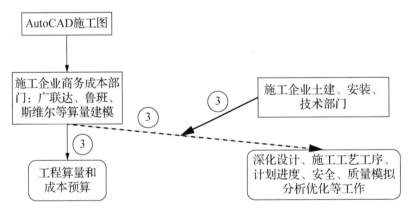

图 5-5　施工企业 BIM 应用技术路线 3

5.2.3　项目 BIM 实施保障措施

1．建立系统运行保障体系

建立系统运行保障体系主要包括组建系统人员配置保障体系、编制 BIM 系统运行工作计划、建立系统运行例会制度和建立系统运行检查机制等。从而保障项目 BIM 在实施阶段中整个项目系统能够高效准确运行，以实现项目实施目标。

1) 组建系统人员配置保障体系

(1) 按 BIM 组织架构表成立总包 BIM 系统执行小组，由 BIM 系统总监全权负责。经业主审核批准，小组人员立刻进场，以最快速度投入系统的创建工作。

(2) 成立 BIM 系统领导小组，小组成员由总包项目总经理、项目总工、设计及 BIM 系统总监、土建总监、钢结构总监、机电总监、装饰总监、幕墙总监组成，定期沟通，及时解决相关问题。

(3) 总包各职能部设专人对口 BIM 系统执行小组，根据团队需要及时提供现场进展信息。

(4) 成立 BIM 系统总分包联合团队，各分包派固定的专业人员参加，如果因故需要更换，必须及时交接，以保持工作的连续性。

2) 编制 BIM 系统运行工作计划

(1) 各分包单位、供应单位根据总工期以及深化设计出图要求，编制 BIM 系统建模以及分阶段 BIM 模型数据提交计划、四维进度模型提交计划等，由总包 BIM 系统执行小组审核，审核通过后由总包 BIM 系统执行小组正式发文，各分包单位参照执行。

(2) 根据各分包单位的计划，编制各专业碰撞检测计划。

3) 建立系统运行例会制度

(1) BIM 系统联合团队成员，每周召开一次专题会议，汇报工作进展情况、遇到的困难以及需要总包协调的问题。

(2) 总包 BIM 系统执行小组，每周内部召开一次工作碰头会，针对本周本条线工作进展情况和遇到的问题，制定下周工作目标。

(3) BIM 系统联合团队成员，必须参加每周的工程例会和设计协调会，及时了解设计和工程进展情况。

4) 建立系统运行检查机制

(1) BIM 系统是一个庞大的操作运行系统，需要各方协同参与。由于参与的人员多且复杂，需要建立健全检查制度以保证体系的正常运作。

(2) 对各分包单位，每两周进行一次系统执行情况的飞行检查，了解 BIM 系统执行的真实情况、过程控制情况和变更修改情况。

(3) 对各分包单位使用的 BIM 模型和软件进行有效性检查，确保模型和工作同步进行。

2．建立模型维护与应用保障体系

建立模型维护与应用保障体系主要包括建立模型维护与应用机制、确定模型应用计划和实施全过程规划等，从而保障从模型创建到模型应用的全过程信息无损化传递和应用。

1）　建立模型维护与应用机制

(1)　督促各分包在施工过程中维护和应用 BIM 模型，按要求及时更新和深化 BIM 模型，并提交相应的 BIM 应用成果。如在机电管线综合设计过程中，对综合后的管线进行碰撞校验，并生成检验报告。设计人员根据报告所显示的碰撞点与碰撞量调整管线布局，经过若干个检测与调整循环后，可以获得一个较为精确的管线综合平衡设计。

(2)　在得到管线布局最佳状态的三维模型后，按要求分别导出管线综合图、综合剖面图、支架布置图以及各专业平面图，并生成机电设备及材料量化表。

(3)　在管线综合过程中建立精确的 BIM 模型，还可以采用相关软件制作管道预制加工图，从而大大提高项目的管道加工预制化、安装工程的集成化程度，进一步提高施工质量，加快施工进度。

(4)　运用相关进度模拟软件建立四维进度模型，在相应部位施工前 1 个月内进行施工模拟，及时优化工期计划，指导施工实施。同时，按业主所要求的时间节点提交与施工进度相一致的 BIM 模型。

(5)　在相应部位施工前的 1 个月内，根据施工进度及时更新和集成 BIM 模型，进行碰撞检测，提供包括具体碰撞位置的检测报告。设计人员根据报告很快找到碰撞点所在位置并进行逐一调整，为了避免在调整过程中有新的碰撞点产生，检测和调整会进行多次循环，直至碰撞报告显示零碰撞点。

(6)　对于施工变更引起的模型修改，在收到各方确认的变更单后的 14 天内完成。

(7)　在出具完工证明以前，向业主提交真实准确的竣工 BIM 模型，BIM 应用资料和设备信息等，确保业主和物业管理公司在运营阶段具备充足的信息。

(8)　集成和验证最终的 BIM 竣工模型，并按要求提供给业主。

2）　确定 BIM 模型应用计划

(1)　根据施工进度和深化设计及时更新和集成 BIM 模型，进行碰撞检测，提供具体碰撞的检测报告，并提供相应的解决方案，及时协调解决碰撞问题。

(2)　基于 BIM 模型，探讨短期及中期的施工方案。

(3)　基于 BIM 模型，准备机电综合管道图(CSD)及综合结构留洞图(CBWD)等施工深化图纸，及时发现管线与管线之间，管线与建筑、结构之间的碰撞点。

(4) 基于 BIM 模型，及时提供能快速浏览的如 DWF 等格式的模型和图片，以便各方查看和审阅。

(5) 在相应部位施工前的 1 个月内，将施工进度表进行 4D 施工模拟，提供图片和动画视频等文件，协调施工各方优化时间安排。

(6) 应用网上文件管理协同平台，确保项目信息及时有效传递。

(7) 将视频监视系统与网上文件管理平台整合，实现施工现场的实时监控和管理。

3) 实施全过程规划

为了在项目期间最有效地利用协同项目管理与 BIM 计划，首先要对项目各阶段中各利益相关方之间的协作方式进行规划。

(1) 对项目实施流程进行确定，确保项目任务能按照相应计划顺利完成。

(2) 确保各团队在项目实施过程中能够明确各自的任务及要求。

(3) 对整个项目实施时间进度进行规划，在此基础上确定每个阶段的时间进度，以保障项目如期完成。

5.2.4 BIM 实施规划内容及过程

BIM 实施方案主要由三部分组成：BIM 应用业务目标、BIM 应用具体内容、BIM 应用技术路线。BIM 的实施也应根据不同项目做出具体分析。

1. BIM 辅助项目实施目标

BIM 应用目标的制定是 BIM 工程应用中极为重要的一环，关系到 BIM 应用的全局和整体应用效果。一项工程，不仅要考虑到工程队施工重点、难点及公司的管理特点，还要结合以往 BIM 工程的应用时间制定 BIM 的总体目标，即实现以 BIM 技术为基础的信息化手段对项目的支撑，进而提高施工信息化水平和整体质量。

2. BIM 应用内容

结合 BIM 应用总体目标、项目实际工期需求、项目施工难点及特点，制定工程相关的 BIM 应用内容。包括项目名称、项目分层以及项目内容。

3. BIM 技术路线

在 BIM 应用内容计划的基础上，需要明确各计划实施的起始点及结束点，各应用计划

间的相互关系，以确定工作程序、人员的安排。结合以往工程施工流程与 BIM 工作计划制定符合 BIM 应用目标的 BIM 应用流程，如图 5-6 所示。同时，在 BIM 应用流程的基础上进一步确定实现每一流程步骤所需要的技术手段和方法，如软件的选择。

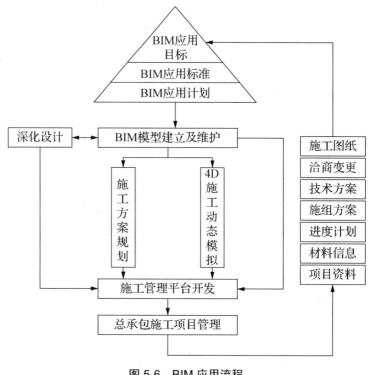

图 5-6　BIM 应用流程

【案例 5-1】深圳国际会展中心配套市政工程车辆段位于深圳市宝安区机场以北、11号线机场北停车场以西的地块内，永久用地面积约 15.6675 公顷。在本项目中，中铁十九局集团有限公司主要负责车辆段咽喉区土建工程施工，工程内容包括：土石方工程、边坡工程、软基处理工程、U 形槽工程、给排水工程、场内道路、上盖平台工程及其他附属工程等，总造价约 6.02 亿元。

结合上文，分析 BIM 在该项目决策阶段起到的作用。

5.3　项目实施阶段

5.3.1 BIM 实施模式及相应特征

根据对部分大型项目的具体应用和中国建筑业协会工程建设质量管理分会等机构进行

的调研，目前国内 BIM 组织实施模式略可归纳为 4 类：设计主导管理模式、咨询辅助管理模式、业主自主管理模式、施工主导管理模式。

1. 设计主导管理模式

设计主导管理模式是由业主委托一家设计单位，将拟建项目所需的 BIM 应用要求等以 BIM 合同的方式进行约定，由设计单位建立 BIM 设计模型，并在项目实施过程中提供 BIM 技术指导、模型信息的更新与维护、BIM 模型的应用管理等，再由施工单位在设计模型上建立施工模型，如图 5-7 所示。

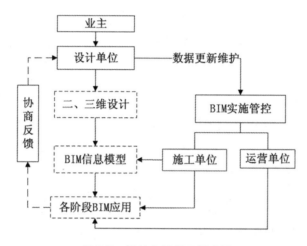

图 5-7 设计主导管理模式图

设计方驱动模式应用最早、也较为广泛，各设计单位为了更好地表达自己的设计方案，通常采用 3D 技术进行建筑设计与展示，特别是大型复杂的建设项目，以期获得设计招标的资质。但在施工及运维阶段，设计方的驱动力下降，对施工过程中以及施工结束后业主关注的运维等应用考虑较少，导致业主后期施工管理和运营成本较高。

2. 咨询辅助管理模式

业主分别同设计单位签订设计合同、同 BIM 咨询公司签订 BIM 咨询服务合同，先由设计单位进行设计，再由 BIM 咨询公司根据设计资料进行三维建模，并进行设计、碰撞检查，随后将检查结果及时反馈，以减少工程变更，此即最初的 BIM 咨询模式。有些设计企业也在推进应用 BIM 技术辅助设计，由 BIM 咨询单位作为 BIM 总控单位进行协调设计和施工模拟，BIM 咨询公司还需对业主方后期项目运营管理提供必要的培训和指导，以确保运营阶段的效益最大化。

此模式侧重于模型的应用，如模拟施工、能效仿真等，而且有利于业主方选择设计单

位并进行优化设计，利于降低工程造价。缺点是业主方前期合同管理工作量大，参建各方关系复杂，组织协调难度较大。

3. 业主自主管理模式

在业主自主管理模式下，初期建设单位主要将 BIM 技术集中用于建设项目的勘察、设计以及项目沟通、展示与推广。随着对 BIM 技术认识的深入，BIM 的应用已扩展至项目招标投标、施工、物业管理等阶段。

(1) 在设计阶段，建设单位采用 BIM 技术进行建设项目设计的展示和分析，一方面，将 BIM 模型作为与设计方沟通的平台，控制设计进度。另一方面，进行设计错误的检测，在施工开始之前解决所有设计问题，确保可实施性，减少返工。

(2) 在招标阶段，建设单位借助于 BIM 的可视化功能进行投标方案的评审，提高投标方案的可视性，确保投标方案的可行性。

(3) 在施工阶段，采用 BIM 技术中的模拟功能进行施工方案模拟并进行优化，一方面提供了一个与承建商沟通的平台，控制施工进度；另一方面，确保施工的顺利进行、保证投资控制和工程质量。

(4) 在物业管理阶段，前期建立的 BIM 模型集成了项目所有信息，如材料型号、供应商等，可用于辅助建设项目维护与应用。

业主自主管理模式，是以业主方为主导，组建专门的 BIM 团队，负责 BIM 实施，并直接参与 BIM 具体应用。该模式对业主方 BIM 技术人员及软硬件设备要求都比较高，特别是对 BIM 团队人员的沟通协调能力、软件操作能力有较高要求，且前期团队组建困难较多、成本较高、应用实施难度大，对业主方的经济、技术实力有较高的要求和考验。

4. 施工主导管理模式

施工主导管理模式是随着近年来 BIM 技术不断成熟应用而产生的一种模式，其应用方通常为大型承建商。承建商采用 BIM 技术的主要目的是辅助投标和辅助施工管理。

在竞争的压力下，承建商为了赢得建设项目投标，采用 BIM 技术和模拟技术来展示施工方案的可行性及优势，从而提高自身竞争力。另外，在大型复杂建筑工程施工过程中，施工工序通常比较复杂，为了保证施工的顺利进行，减少返工，承建商采用 BIM 技术进行施工方案的模拟与分析，在真正施工之前找出合理的施工方案，以便与分包商协作。

此种应用模式主要面向建设项目的招投标阶段和施工阶段，当工程项目投标或施工结束时，施工方的 BIM 应用驱动力降低，对于适用于整个生命周期管理的 BIM 技术来说，其

BIM 信息没有很好地传递，施工过程中产生的信息将会丢失。

在 BIM 实施应用的过程中，业主是最大的受益者，因此业主实施 BIM 的能力和水平将直接影响到 BIM 实施的效果。业主应当根据项目目标和自身特点选择合适的 BIM 实施模式，以保证实施效果，真正发挥 BIM 信息集成的作用，切实提高工程建设行业的管理水平。

5.3.2 BIM 组织架构及 BIM 团队组建原则

BIM 组织架构的建立即 BIM 团队的构建，是项目目标能否实现的重要因素，是项目高效运转的基础。故企业在项目实施阶段前期应根据 BIM 技术的特点，结合项目本身的特征依次从领导层、管理层再到作业层分梯组建项目级 BIM 团队，从而更好地实现 BIM 项目从上至下的传达和执行。

BIM 团队结构.pdf

领导层主要设置项目经理，主要负责项目的对外沟通协调，包括与甲方互动沟通、与项目其他参与方协调等。同时负责该项目的对内整体把控，包括实施目标、技术路线、资源配置、人员组织调整、项目进度和项目完成质量等方面的控制。故对该岗位人员的工程经验及领导能力要求较高。

管理层主要设置技术主管，主要负责将 BIM 项目经理的项目任务安排落实到 BIM 操作人员，同时对 BIM 项目在各阶段的实施过程进行技术指导及监督。故对该岗位人员的 BIM 技术能力和工程能力要求较高。

作业层主要设置建模团队、分析团队和咨询团队。其中建模团队由各专业建模人员组成，包括建筑建模、结构建模和机电建模等，主要负责在项目前期根据项目要求创建 BIM 模型；分析团队主要包括各专业分析人员和 IT 专员，各专业分析人员主要负责根据项目需求对建模团队所建模型进行相应的分析处理，IT 专员主要负责数据维护和管理；咨询团队主要由工程各阶段参与人员组成，包括设计阶段、施工阶段和造价咨询等，主要职责是为建模团队和分析团队提供工程咨询，以满足项目需求。

因不同企业和项目具有各自不同的性质，在项目实施过程中具有不同的路程或特点，故在 BIM 团队组建时，企业可根据自身特点和项目实际需求设置符合具体情况的 BIM 组织架构。

5.3.3 项目实施技术资源配置要求

1. 软件配置

1) 软件选择

项目 BIM 在各阶段实施过程中应用点众多，应用形式丰富。故在项目实施前应根据应用内容并结合企业自身情况合理选择 BIM 软件。根据应用内容的不同，BIM 软件可分为模型创建软件、模型应用软件和协同平台软件。BIM 软件详细介绍见本书第 3 章相关内容。

模型创建软件主要包括 BIM 概念设计软件和 BIM 核心建模软件等；模型应用软件主要包括 BIM 分析软件、BIM 检查软件、BIM 深化设计软件、BIM 算量软件、BIM 发布审核软件、BIM 施工管理软件、BIM 运维管理软件等；协同平台软件主要包括各参与方协同软件、各阶段协同平台软件等。

其中各类型软件下又存在各种不同公司的软件可供选择，如 BIM 核心建模软件主要有：Revit Architecture、Bentley Architecture、CATIA 和 ArchiCAD 等。因此在项目 BIM 实施软件选择时，应首先了解各软件的特点及操作要求，在此基础上根据项目特点、企业条件和应用要求等因素选择合适的 BIM 软件。

2) 软件版本升级

为了保证数据传递的通畅性，在项目 BIM 实施阶段软件资源配置时，应根据甲方的具体要求或与项目各参与方进行协商，合理选择软件版本，对不符合要求的版本软件进行升级。从而避免各软件之间的兼容问题及接口问题，以保证项目实施过程中 BIM 模型和数据能够实现各参与方之间的精准传递，实现项目全生命周期各阶段的数据共享和访问。

3) 软件自主开发

因各项目具有不同的特征，且项目各阶段应用内容复杂，形式丰富，市场现有的 BIM 软件或 BIM 产品不能完全满足项目的所有需求。故在企业条件允许的情况下，可根据具体需求自主研发相应的实用性软件，也可委托软件开发公司开发符合自身要求的软件产品。从而实现软件与项目实施的紧密配合。如某施工企业根据项目施工特色自主研发了用于指导施工过程的软件平台，在工作协同、综合管理方面，通过自主研发的施工总包 BIM 协同平台满足工程建设各阶段需求。

2．硬件配置

BIM 模型携带的信息数据量庞大，因此，在 BIM 实施硬件配置上具有严格的要求，根据不同用途和方向并结合项目需求和成本控制，对硬件配置进行分级设置，即最大限度保证硬件设备在 BIM 实施过程中的正常运转，并最大限度地有效控制成本。

另外项目实施过程中 BIM 模型信息和数据具有动态性和可共享性，因此在保障硬件配置满足要求的基础上，还应根据工程实际情况搭建 BIM Server 系统，以方便现场管理人员和 BIM 中心团队进行模型的共享和信息传递。通过项目部和 BIM 中心各搭建服务器以 BIM 中心的服务器作为主服务器，通过广域网将两台服务器进行互联后，分别给项目部和 BIM 中心建立模型的计算机进行授权，就可以随时将自己修改的模型上传到服务器上，实现模型的异地共享和确保模型的实时更新。

以下从模型信息创建、信息数据存储管理和数据传递与共享这三个阶段对硬件资源配置要求作出简要介绍。

1) 模型信息创建

模型信息创建阶段是 BIM 技术应用的初始阶段，主要指的是 BIM 工程师根据设计要求，在计算机上采用相应软件建立 BIM 模型，同时将项目信息数据录入相应模型及构件。故对计算机的硬件要求较高，具体配置要求见表 5-1。

表 5-1　计算机硬件配置

电脑硬件	参考要求
CPU	推荐拥有二级或三级高速缓冲存储器的 CPU 推荐多核系统，多核系统可以提高 CPU 的运行效率，在同时运行多个程序时速度更快，即使软件本身不支持多线程工作，采用多核也能在一定程度上优化其工作表现
内存	一般所需内存的大小应最少是项目内存的 20 倍，由于目前用 BIM 的项目都比较大，一般推荐采用 8GB 或以上的内存
显卡	应避免集成式显卡，集成式显卡运行时占用系统内存，而独立显卡有自己的显存，效率和运行性能更好。一般显存容量不应小于 512MB
硬盘	硬盘的转速对系统具有一定的影响，但其对软件工作表现的提升作用没有前三者明显

关于软件对硬件的要求，软件厂商一般会有推荐的硬件配置要求，但从项目应用 BIM 的角度出发，需要考虑的不仅是单个软件产品的配置要求，还需要考虑项目的大小、复杂程度、BIM 的应用目标、团队应用程度、工作方式等。

2) 信息数据存储管理

在模型信息创建完成后，BIM 中心和项目部应配置相应设备将项目各专业模型及信息

进行管理及存储，同时也包括对项目实施各阶段不断录入的数据进行保存。具体配置如下。

(1) 配置多台 UPS：如几台 6kVA。

(2) 配置多台图形工作站。

(3) 配置多台 NAS 存储：项目部配置多台 10TB NAS 存储，公司 BIM 中心配置多台 10TB NAS 存储。

3) 数据传递与共享

BIM 技术的应用是对模型信息的动态协同管理和应用，故需在项目部与公司 BIM 中心之间建立相应的网络系统，从而实现数据信息共享，具体配置见表 5-2。

表 5-2　网络服务配置

部　门	配　置	说　明
项目部	数据库服务器	提供数据查询、更新、事务管理、索引、高速缓存、查询优化、安全及多用户存取控制等服务
	文件服务器	向数据服务器提供文件
	WEB 服务器	将整个系统发布到网络上，使用户通过浏览器皆可以访问系统
	数据网关服务器	在网络层以上实现网络互联
公司 BIM 中心	数据网关服务器	在网络层以上实现网络互联
	Revit Server 服务器	它是与 Revit Architecture、Revit Structure、Revit MEP 和 Autodesk Revit 配合使用的服务器。它为 Revit 项目实现基于服务器的工作共享奠定了基础。工作共享的项目是一个可供多个团队成员同时访问和修改的 Revit 建筑模型

5.3.4　软件培训的对象及方式

BIM 软件培训应遵循以下原则。

1. 培训对象

应选择具有建筑工程或相关专业大专以上学历、具备建筑信息化基础知识、掌握相关软件基础应用的设计、施工、房地产开发公司技术和管理人员。

2. 培训方式

主要采用以下培训方式。

1) 授课培训

授课培训即脱产集中学习的方式，授课地点统一安排在多媒体计算机房，每次培训人数不宜超过 30 人，为学员配备计算机，并配有助教随时辅导学员上机操作。技术部负责制

订培训计划、跟踪培训实施、定期汇报培训实施状况，并最终给予考核成绩，以确保培训得以顺利实施，达到对培训质量的要求。

授课培训可分为内聘讲师培训及外聘讲师培训。

(1) 内聘导师培训。

公司人力资源部从公司内部聘任一批 BIM 技术能手作为导师，采取"师带徒，一帮一"的培训方式。一方面充分利用公司内部员工的先进技能和丰富的实践经验，帮助 BIM 初学者尽快提高业务能力，另一方面可以节约培训费用，并解决集中培训困难的问题。

(2) 外聘讲师培训。

事先调查了解员工在学习运用 BIM 技术过程中遇到的问题和困惑，然后外聘专业讲师进行针对性的专题培训。外聘讲师具有员工所不具备的 BIM 运用经验，善于使用专业的培训技巧，容易调动学习兴趣，高效解决疑难问题。

2) 网络视频培训

网络视频培训是现代企业培训中不可或缺的部分，是现代化培训中非常重要、有效的手段，它将文字、声音、图像以及静态和动态巧妙结合，激发员工的学习兴趣，提高员工的思考能力和思维能力。培训课件内容丰富，从 BIM 软件的简单入门操作到高级技巧运用，从土建、钢筋到电气、消防、暖通专业，样样俱全，并包含大量的工程实例。

3) 借助专业团队培养人才

运用 BIM 技术之初，管理人员在面对新技术时可能会比较困惑，缺乏对 BIM 的整体了解和把握。引进工程顾问专业团队，实现工程顾问一对一辅导、分专业培训，可帮助学员明确方向，避免不必要的失误。

4) 结合实战培养人才

实战是培养人才的最好方式，通过实际项目的运作来检验学习成果。选择难度适中的 BIM 项目，让学员参与到项目的应用中，将前期所学的知识技能运用到实际工程中，通过学习知识→实际运用→运用反馈→再学习的培训模式，使学员在实战中迅速成长，并积累 BIM 运用经验。

3. 培训主题

应普及 BIM 的基础概念，从项目实例中剖析 BIM 的重要性，深度分析 BIM 的发展前景与趋势，多方位展示 BIM 实际项目操作与各方面的联系；围绕市场主要 BIM 应用软件进行培训，同时对学员进行测试，随时将理论学习与项目实战相结合，并对学员的培训状况进行及时反馈。

5.3.5 数据准备对整个工程项目的意义

　　数据准备即 BIM 数据库的建立及提取。BIM 数据库是管理每个具体项目的海量数据创建、承载、管理、共享支撑的平台。企业将每个工程项目 BIM 模型集成到一个数据库中，即形成企业级的 BIM 数据库。BIM 技术能自动计算工程实物量，因此 BIM 数据库也包含量的数据。BIM 数据库可承载工程全生命周期所有的工程信息，并能建立起 4D(3D 实体＋1D 时间)关联关系数据库。这些数据库信息在建筑全过程中动态变化调整，并可及时准确地调用系统数据库中包含的相关数据，加快决策进度、提高决策质量，从而提高项目质量，降低项目成本，增加项目利润。

　　建立 BIM 数据库对整个工程项目有着重要意义，具体体现在以下四个方面：

1．快速算量，提升精度

　　BIM 数据库的创建，通过建立 6D 关联数据库，可以准确快速计算工程量，提升施工预算的精度与效率。由于 BIM 数据库的数据粒度达到了构件级，因此可以快速提供支撑项目各条线管理所需的数据信息，有效提升施工管理效率。

2．数据调用，决策支持

　　BIM 数据库中的数据具有可计算的特点，大量与工程相关的信息可以为工程提供数据后台的强大支持 BIM 中的项目基础数据可以在各管理部门进行协同和共享，工程量信息可以根据时空维度、构件类型等进行汇总拆分、对比分析等，保证工程基础数据及时、准确地提供，为决策者制订工程造价项目群管理、进度款管理等方面决策提供依据。

3．精确计划，减少浪费

　　施工企业难以实现精细化管理的根本原因在于海量的工程数据，由于无法快速准确获取以支持资源计划，致使经验主义盛行。而 BIM 的出现可以让相关管理条线快速准确地获得工程基础数据，为施工企业制订精确的人、材、机计划提供了有效支撑，大大减少了资源、物流和仓储环节的浪费，为实现限额领料、消耗控制提供了技术支撑。

4．多算对比，有效管控

　　管理的支撑是数据，项目管理的基础就是工程基础数据的管理，及时、准确地获取相关工程数据就是项目管理的核心竞争力。BIM 数据库可以实现任一时点上工程基础信息的

快速获取，通过合同、计划与实际施工的消耗量、分项单价、分项合价等数据的多算对比，可以有效了解项目运营是盈是亏，消耗量有无超标，进货分包单价有无失控等问题，实现对项目成本风险的有效管控。

5.3.6 项目试运行过程及意义

项目试运行是一个确保和记录所有系统和部件都能按照明细和最终用户要求以及业主运营需要执行其相应功能的系统化过程。

根据美国国家建筑科学研究院(National Institute of Building Sciences)的研究，一个经过试运行的建筑其运营成本要比没有经过试运行的低很多。在传统的项目交付过程中，信息集中于项目竣工文档、实际项目成本、实际工期和计划工期的比较、备用部件、维护产品、设备和系统培训操作手册等，这些信息主要由施工团队以纸质文档形式进行递交。而使用项目试运行方法，信息需求来源于项目早期的各个阶段。连续试运行则要求从项目概要设计阶段就考虑试运行需要的信息要求，同时在项目发展的各个阶段随时收集这些信息。

虽然设计、施工和试运行等活动是在数年之内完成的，但是项目的生命周期可能会延伸到几十年甚至几百年，因此运营和维护是最长的阶段，因此也是成本最高的阶段。毋庸置疑，运营和维护阶段是能够从结构化信息递交中获益最多的项目阶段。运营和维护阶段的信息需求包括法律、财务和物理等各个方面，信息的使用者包括业主、运营商(包括设施经理和物业经理)、住户、供应商和其他服务提供商等。物理信息完全来源于交付和试运行阶段。此外，运维阶段也产生自己的信息，这些信息可以用来改善设施性能，以及支持设施扩建或清理的决策。运维阶段产生的信息包括运行水平、满住程度、服务请求、维护计划、检验报告、工作清单、设备故障时间、运营成本、维护成本等。

最后，还有一些在运营和维护阶段对设施造成影响的项目，例如住户增建、扩建改建、系统或设备更新等，每一个项目都有其生命周期、信息需求和信息源，实施这些项目最大的挑战就是根据项目变化来更新整个设施的信息库。

5.3.7 项目应用分类

由于施工项目有施工总承包、专业施工承包、劳务施工承包等多种形式，其项目管理的任务和工作重点也会有很大的差别。BIM 在项目管理中按不同工作阶段、对象、内容和

目标可以分为很多类别，具体见表 5-3。

表 5-3　BIM 在项目管理中应用内容划分表

类别	按工作阶段划分	按工作对象划分	按工作内容划分	按工作目标划分
1	投标签约管理	人员管理	设计及深化设计	工程进度控制
2	设计管理	机具管理	各类计算机仿真模拟	工程质量控制
3	施工管理	材料管理	信息化施工、动态工程管理	工程安全控制
4	竣工验收管理	工法管理	工程过程信息管理与归纳	工程成本控制
5	运维管理	环境管理	—	—

【案例 5-2】北京地铁 7 号线东延 01 标段，共包含 2 站 2 区间，分别为：黄厂村站、豆各庄站、焦化厂站—黄厂村站区间、黄厂村站—豆各庄站区间。标段西起焦化厂站(不含)，下穿东五环路，上跨南水北调输水管线，向东敷设经黄厂村站向东穿越大柳树排水沟、西排干渠、通惠灌渠后，到达豆各庄站，标段长为 3.25km。

本项目利用 BIM 技术实现三维施工场地布置及立体施工规划，实现标准化建设可视化，形象生动，并能够有效传递标准化建设实施的各类信息，实现绿色信息智能化管理。同时通过漫游从细部到整个施工区，快速全面了解项目标准化建设的整体和细部面貌。

结合上文分析 BIM 在此项目施工阶段的应用。

5.4　项目总结与评价阶段

5.4.1　项目总结内容

BIM 的项目
总结.mp3

项目总结即在项目完成后对其进行一次全面系统的总检查、总评价、总分析、总研究，分析其中不足，得出经验。项目总结主要体现在以下两个方面。

1. 项目重点、难点总结

项目重点、难点是项目能否实施完成，项目完成能否达到预期目标的重要因素，同时也是整个项目包括各阶段中投入工作量较大且容易出错的地方。故在项目总结阶段对工作难点、重点进行分析总结很有必要。

2. 存在的问题

存在的问题分为可避免的和不可避免的。其中可避免的问题主要是由技术方法不合理引起的。比如软件选择不合理、BIM 实施流程制定不合理、项目 BIM 技术路线不合理等。对于此类问题，可通过调整及完善技术或方法解决。故对此类问题的总结有利于企业在技术及方法方面的积累，可为今后相关项目提供详细的参考经验，以避免类似问题再次出现。不可避免的问题主要是人员及环境等主观因素引起的，比如工作人员个人因素的影响及环境天气不可预见性的影响等。对于此类问题的总结，可为类似项目在项目决策阶段提供参考，对于可能出现的问题可提前做好准备及相应措施，最大限度地降低由此带来的损失。

工程应用 BIM 存在的问题及解决问题程度总结如下：在项目中 BIM 对由主观因素引起的进度管理问题无法解决，只能解决或部分解决由客观条件和技术落后所造成的进度问题，传统方法和 BIM 技术在工程项目进度管理中的差异对比见表 5-4，指出了传统方法的局限性(问题)和 BIM 技术的优越性，同时分析了 BIM 技术对这些问题的解决程度。

表 5-4　问题及解决程度分析表

序号	现有问题	应用 BIM 技术	解决程度
1	劳动力不足或消极怠工	不能解决	不能解决
2	二维图纸很难检查错误和矛盾	三维模型的碰撞检查能够有效规避设计成果中的冲突和矛盾	部分解决
3	进度计划编制中存在问题	基于 BIM 的虚拟施工有助于进度计划的优化	部分解决
4	二维图纸形象性差	三维模型有很强的形象性	完全解决
5	工程参与方沟通配合不通畅	基于同一模型并相互关联的进度计划、资金计划和材料供应计划有助于各参与方之间的配合	部分解决
6	对施工环境的影响预计不足	计算机虚拟环境有助于项目管理者有效预测环境的影响	部分解决

三维模型的可视化有效解决了施工人员的读图问题，按三维模型施工可减少施工成品与设计图纸不符的现象发生，所以针对问题 4 应用 BIM 技术能够完全解决。对于表 5.4 中的问题 2、3、5、6，BIM 技术的应用只能提高工作效率和降低这些问题发生的概率，无法解决由人员工作和管理中的失误所引起的进度问题，所以这些问题只能部分解决。问题 1 是由于实际条件限制和人的主观因素造成的，这些问题无法通过改进工具和技术得到解决，所以不能通过应用 BIM 技术解决。

通过以上经验总结可以全面、系统地了解以往的工作情况；可以正确认识以往工作中的优缺点；可以明确下一步工作的方向，少走弯路，少犯错误，提高工作效益。

5.4.2 项目评价内容

BIM 的项目评估
内容.mp3

项目评价是指在 BIM 项目已经完成并运行一段时间后，对项目的目的、执行过程、效益、作用和影响进行系统的、客观的评价的一种技术经济活动。项目评价主要分为以下三部分。

1. 项目完成情况

项目完成情况即对项目 BIM 应用内容完成情况的评价。主要体现在是否完成设计项目及是否完成合同约定。完成设计项目情况指是否完成项目各部分内容。以某一保管中心 IBM 应用项目为例，其项目各部分包括建筑方案、结构找形、结构设计、深化设计、仿真分析、施工模拟运维管理等。完成合同约定情况指是否按照合同要求按时、按质、按量完成项目，并交付相应文件资料。合同约定主要有：总承包合同约定、分包合同约定、专业承包合同约定等。以某国际会展中心 BIM 项目分包合同为例，其合同中约定在指定日期内乙方须完成建筑模型建立、结构模型建立、机电管道模型建立、结构部分施工过程动画模拟，并向甲方交付模型文件及动画文件。

2. 项目成果评价

成果分析即对项目 BIM 是否达到实施目标做出分析评价。以某体育中心 BIM 项目为例，其在项目决策阶段制定的 BIM 实施目标是实现建筑性能化分析、结构参数化设计、建造可视化模拟、施工信息化管理、安全动态化监测、运营精细化服务，故在项目竣工完成后可从以上 6 个方面对项目成果进行评价，以检验项目是否符合目标。

3. 项目意义

项目意义评价是对 BIM 项目的效益及影响作用作出客观分析评价，包括经济效益、环境效益、社会效益等。项目意义评价有利于对项目 BIM 形成更全面、更长远的认识。以某政务中心 BIM 项目为例，可从项目意义方面对其评价如下：该项目积累了高层结构建模、深化设计、施工模拟、平台开发及总承包管理的宝贵经验，所创建的企业级 BIM 标准为相关企业 BIM 应用标准的编制提供了依据，所开发的基于 BIM 技术的施工项目管理平台可作为类似项目平台研究及开发的样板，对以后 BIM 技术在施工中的深入应用具有参考价值。同时 BIM 技术的应用大大提高了施工管理效率，与传统管理方式相比，该项目节省了大量

人力、物料及时间，具有显著的经济效益。

通过从以上三个方面对项目进行评价，确定项目目标是否达到，项目或规划是否合理有效，项目的主要效益指标是否实现，总结经验教训，并通过及时有效的信息反馈，为未来项目的决策和提高投资决策管理水平提出建议，同时也为被评项目实施运营中出现的问题提出改进建议，从而达到提高投资效益的目的。

5.5　项目各阶段的 BIM 应用

5.5.1　方案策划阶段的 BIM 应用

方案策划是在总体规划目标确定后，根据定量分析得出设计依据的过程，方案策划利用对建设目标所处社会环境及相关因素的逻辑数理分析，研究项目任务书对设计的合理导向，制定和论证建筑设计依据，科学地确定设计内容，并寻找达到这一目标的科学方法。在这一过程中，除了运用建筑学的原理，借鉴过去的经验和遵守规范，更重要的是要以实地调查为基础，用计算机等现代化手段对目标进行研究。BIM 能够帮助项目团队在建筑规划阶段，通过对空间进行分析来理解复杂空间的标准和法规，从而节省时间，并提供对团队更多增值活动的可能。特别是在客户讨论需求、选择以及分析最佳方案时，能借助 BIM 及相关分析数据，作出关键性的决定。

BIM 在方案策划阶段的应用成果还可以帮助建筑师在建筑设计阶段随时查看初步设计是否符合业主的要求，是否满足方案策划阶段得到的设计依据，通过 BIM 连贯的信息传递或追溯，大大减少之后详图设计阶段发现问题需要修改设计的情况。

5.5.2　设计阶段的 BIM 应用

BIM 模型在设计阶段的主要应用包括施工模拟、设计分析与协同设计、可视化交流、碰撞检查及设计阶段的造价控制等。

施工模拟。包括施工方案模拟、施工工艺模拟，即在工程实施前对建设项目进行分析、模拟、优化，提前发现问题、解决问题，直至获得最佳方案以指导施工。

设计分析与协同设计。当初步设计展开之后，每个专业都有各自的设计分析工作。设计分析主要包括结构分析、能耗分析、光照分析、安全疏散分析等，设计分析在工程安全、

节能、节约造价、项目可实施性方面发挥着重要作用。协同设计是指设计团队中的全体成员共享同一个 BIM 模型数据源，所有设计成果可以及时反映到 BIM 模型上，每个设计人员都能获取其他设计人员的最新设计成果，这样不同专业设计人员之间形成了以共享的 BIM 模型为纽带的协同工作机制，有效地避免专业之间因信息沟通不畅产生的冲突。

可视化交流是指通过采用三维模型展示的方式在设计方、业主、政府、咨询专家、施工方等项目各参与方之间，针对设计意图或设计成果进行有效沟通。可视化交流使设计人员充分理解业主的建设意图，使审批方清晰地认知他们所审批的设计是否满足市场要求。

碰撞检查，BIM 软件将不同专业的设计模型集于一体，通过碰撞检查功能查找不同专业构件之间的碰撞点，并将碰撞点尽早地反馈给设计人员。BIM 的碰撞检查功能使得设计人员能够在设计阶段提前发现施工中可能出现的问题，从而及时改正问题，有效地减少施工现场的变更。

设计阶段的造价控制，BIM 模型不仅包括建筑物空间和建筑构件的几何信息，还包括构件的材料属性信息，BIM 模型将这些信息传递到专业化的工程量统计软件中，可以获得符合相应规则的构件工程量，这一过程避免了在工程量统计软件中为计算工程量而进行的专门的建模工作并且能够及时反映工程造价水平，为限额设计、价值工程在优化设计上的应用创造条件。

5.5.3 施工阶段的 BIM 应用

以设计阶段建成的 BIM 模型为基础，施工阶段 BIM 技术的主要应用包括虚拟施工及施工进度控制、施工过程中的成本控制、三维模型校验及预制构件施工等方面。

虚拟施工及施工进度控制。虚拟施工过程可以很直观地展示施工工序界面、顺序，从而使总承包方与各专业分包方之间的沟通协调变得清晰明了。此外，将施工模拟与施工组织方案有效结合，可以帮助施工现场管理人员合理地安排材料、设备、人员进场、设备吊装方案等，有效保证施工进度和施工工期。

施工过程中的成本控制。在项目开始前即建立 BIM 5D(三维模型＋时间＋成本)模型，将三维模型与各构件实体、进度信息、预算信息进行关联计算，可以对材料、机械、劳务及计量支付进行管控。

三维模型校验。BIM 可视化技术可以展示建筑模型与实际工程的对比结果，帮助业主考查虚拟建筑与实际施工建筑的差距，发现不合理的部分。同时，该对比结果可以帮助业主对施工过程及建筑物相关功能进行进一步评估，从而提早反应，对可能发生的情况做及时的调整。

　　预制构件施工。BIM 技术的运用可以提高施工预算的准确性，对预制构件的加工生产提供支持，有效地提高设备参数的准确性和施工协调管理水平。

5.5.4　竣工交付阶段的 BIM 应用

　　建筑作为一个系统，当完成建筑过程准备投入使用时，首先需要对建筑进行必要的测试和调整，以确保它可以按照当初的设计来运营。在项目完成后的移交环节，物业管理部门需要得到的不只是常规的设计图纸、竣工图纸，还需要能准确反映设备状态，材料安装使用情况等与运营维护相关的文档和资料。

　　BIM 能将建筑物空间信息和设备参数信息有机整合起来，从而为业主获取完整的建筑物全局信息提供捷径。通过 BIM 与施工过程记录信息的关联，甚至能够实现包括隐蔽工程资料在内的竣工信息集成，不仅为后续的物业管理带来便利，并且可以在未来进行的翻新、改造、扩建过程中为业主及项目团队提供有效的历史信息。

　　【案例 5-3】西安地铁 3 号线鱼化寨停车场出入场线位于西安市高新区富裕路侧，基本沿富裕路呈东西走向，一期土建施工项目 D3TJSG-2 标段工程出入场线全长 1074.969m。

　　BIM 技术的工程信息储存和共享特性可大幅提高竣工结算质量，极大地改善传统工程交底中出现的工作重复、效率低下、信息流失严重等问题。在 BIM 技术平台上，由于工程各参与方在项目全生命周期内可随时调用查看工程信息，如工期、合同、价格等，因此相关人员在进行结算资料的整理时，也可直接调取 BIM 数据库中保存的全部工程资料。不仅极大地缩短了结算审查的前期准备工作时间，同时也提高了结算工作的效率和质量。

　　结合上文分析 BIM 在竣工结算阶段的作用。

5.5.5　运维阶段 BIM 应用的优势及具体内容

　　BIM 模型完整地存储了建筑对象设计、施工数据，使得运营维护人员能够更清楚地了解设备信息、安全信息。同时，以三维视图的方式展示设备及其部件可以更好地指导维护人员进行设备维护工作，避免或减少由于欠维修或过度维修造成的消耗。

运维管理的
范围.mp3

相对于建筑设计和施工阶段，BIM 技术在运维阶段的应用案例很少，随着建设项目全生命周期管理理念的逐步深入，BIM 技术在运维阶段的应用将具有广泛的前景。

BIM 在运维阶段应用具有以下四大优势。

1. 数据存储借鉴

利用 BIM 模型，提供信息和模型的结合，不仅将前期的建筑信息传递到运维阶段，更保证了运维阶段新数据的存储和运转。BIM 模型所储存的建筑物信息，不仅包含建筑物的几何信息，还包含大量的建筑性能信息。

2. 设备维护高效

利用 BIM 模型可以储存并同步建筑物设备信息，在设备管理子系统中，有设备的档案资料，用于了解设备可使用年限和性能；设备运行记录，了解设备已运行时间和运行状态；设备故障记录，对故障设备进行及时处理并将故障信息进行记录借鉴；设备维护维修，确定故障设备的及时反馈以及设备的巡视。同时还可利用 BIM 可视化技术对建筑设施设备进行定点查询，直观地了解项目的全部信息。

3. 物流信息丰富

采用 BIM 模型的空间规划和物资管理系统，可以随时获取最新的 3D 设计数据，以帮助协同作业。在数字空间模拟现实的物流情况，可显著提升庞大物流管理的直观性和可靠性，了解庞大的物流管理活动，有效降低了物流管理时的操作难度。

4. 数据关联同步

BIM 模型的关联性构建和自动化统计特性，有助于维护运营管理信息的一致性和数据统计的便捷化。

运维管理的范畴主要包括以下五个方面：空间管理、资产管理、维护管理、公共安全管理和能耗管理。

1) 空间管理

空间管理主要满足组织在空间方面的各种分析及管理需求，更好地响应组织内各部门对于空间分配的请求及高效处理日常相关事务，计算空间相关成本，执行成本分摊等内部核算，增强企业各部门控制非经营性成本的意识，提高企业收益。

(1) 空间分配。

创建空间分配基准，根据部门功能，确定空间场所类型和面积，使用客观的空间分配

方法，消除员工对所分配空间场所的疑虑，同时快速地为新员工分配可用空间。

(2) 空间规划。

将数据库和 BIM 模型整合在一起的智能系统跟踪空间的使用情况，提供收集和组织空间信息的灵活方法，根据实际需要、成本分摊比率、配套设施和座位容量等参考信息，使用预定空间，进一步优化空间使用效率；基于人数、功能用途及后勤服务预测空间占用成本，生成报表，制订空间发展规划。

(3) 租赁管理。

大型商业地产对空间的有效利用和租售是业主实现经济效益的有效手段，也是充分实现商业地产经济价值的表现。应用 BIM 技术对空间进行可视化管理，分析空间使用状态、收益、成本及租赁情况，业主通过三维可视化直观地查询定位到每个租户的空间位置以及租户的信息，如租户名称、建筑面积、租约区间、租金情况、物业管理情况；还可以实现租户各种信息的提醒功能。同时根据租户信息的变化，实现对数据的及时调整和更新，从而判断影响不动产财务状况的周期性变化及发展趋势，帮助提高空间的投资回报率，并能够抓住出现的机会及规避潜在的风险。

(4) 统计分析。

开发如成本分摊比例表、成本详细分析、人均标准占用面积、组织占用报表、组别标准分析等报表，方便获取准确的面积和使用情况信息，满足内外部报表需求。

2) 资产管理

资产管理是运用信息化技术增强资产监管力度，降低资产的闲置浪费，减少和避免资产流失，使资产管理更加规范，从整体上提高业主资产管理水平。

(1) 日常管理。

主要包括固定资产的新增、修改、退出、转移、删除、借用、归还、计算折旧率及残值率等日常工作。

(2) 资产盘点。

按照盘点数据与数据库中的数据进行核对，并对正常或异常的数据作出处理，得出资产的实际情况，并可按单位、部门生成盘盈明细表、盘亏明细表、盘亏明细附表、盘点汇总表、盘点汇总附表。

(3) 折旧管理。

包括计提资产月折旧、打印月折旧报表、对折旧信息进行备份、恢复折旧工作、折旧手工录入、折旧调整。

(4) 报表管理。

可以对单条或一批资产的情况进行查询，查询条件包括资产卡片、保管情况、有效资产信息、部门资产统计、退出资产、转移资产、历史资产、名称规格、起始及结束日期、单位或部门。

3) 维护管理

建立设施设备基本信息库与台账，定义设施设备保养周期等属性信息，建立设施设备维护计划；对设施设备运行状态进行巡检管理并生成运行记录、故障记录等信息，根据生成的保养计划自动提示到期需保养的设施设备；对出现故障的设备从维修申请，到派工、维修、完工验收等实现过程化管理。

4) 公共安全管理

公共安全管理包括应对火灾、非法侵入、自然灾害、重大安全事故和公共卫生事故等危害人们生命财产安全的各种突发事件，建立起应急及长效的技术防范保障体系。基于 BIM 技术可存储大量具有空间性质的应急管理所需要数据，可以协助应急响应人员定位和识别潜在的突发事件，并且通过图形界面准确确定其危险发生的位置。BIM 模型中的空间信息也可以用于识别疏散线路和环境危险之间的隐藏关系，从而降低应急决策的不确定性。另外，BIM 也可以作为一个模拟工具，来评估突发事件导致的损失，并对响应计划进行讨论和测试。

5) 能耗管理

有效地进行能源的运行管理是在运营管理中提高收益的一个主要方面。通过 BIM 模型可以更方便地对租户的能源使用情况进行监控与管理，赋予每个能源使用记录表以传感功能，在管理系统中及时做好信息的收集处理，通过能源管理系统对能源消耗情况自动进行统计分析，并且可以对异常使用情况进行警告。

本章小结

本章学习了 BIM 在各个阶段的技术应用，其中技术路线的制定需加以把握，防止混淆。了解 BIM 项目的组织架构及相关组建原则，熟悉项目总结的内容及评估阶段的配给内容。BIM 的应用贯穿整个项目，在不同的阶段发挥着不同的作用，推动着整个行业的发展。

实训练习

一、单选题

1. BIM 目标可以分为两种类型，第一类与项目的整体表现有关，第二类与(　　)有关。

   A. 具体任务的效率　　　　　　B. 企业文化

   C. 企业技术　　　　　　　　　D. 项目成本

2. 确定 BIM 技术路线的关键是选择合适的(　　)。

   A. 硬件　　　　　　　　　　　B. 软件

   C. BIM 实施模式　　　　　　　D. BIM 人员组织框架

3. 模型维护与应用机制不包括(　　)。

   A. 根据各分包单位的计划，编制各专业碰撞检测计划，修改后重新提交计划

   B. 督促各分包在施工过程中维护和应用 BIM 模型，按要求及时更新和深化 BIM 模型，并提交相应的 BIM 应用成果

   C. 在得到管线布局最佳状态的三维模型后，按要求分别导出管线综合图、综合剖面图、支架布置图以及各专业平面图，并生成机电设备及材料量化表

   D. 集成和验证最终的 BIM 竣工模型，并按要求提供给业主

4. 下列选项中 BIM 实施规划流程正确的是(　　)。

   A. 先制定 BIM 应用业务目标，然后确定 BIM 应用具体内容，最后选择 BIM 应用技术路线

   B. 先确定 BIM 应用具体内容，然后制定 BIM 应用业务目标，最后选择 BIM 应用技术路线

   C. 先选择 BIM 应用技术路线，然后确定 BIM 应用具体内容，最后制定 BIM 应用业务目标

   D. 先选择 BIM 应用技术路线，然后制定 BIM 应用业务目标，最后确定 BIM 应用具体内容

5. BIM 技术在设计阶段可视化设计交流的应用主要体现在三维设计和(　　)上。

   A. 施工图生成　　　　　　　　B. 效果图及动画展示

   C. 安全疏散分析　　　　　　　D. 协同设计

二、多选题

1. BIM 实施模型主要有(　　)。

  A. 设计主导管理模式   B. 政府主导管理模式

  C. 咨询辅助管理模式   D. 业主自主管理模式

  E. 施工主导管理模式

2. 建立 BIM 数据库对整个工程项目的意义主要有(　　)。

  A. 快速算量，精度提升   B. 数据调用，决策支持

  C. 精确计划，减少浪费   D. 多算对比，有效管控

  E. 有效调控，精确计算

3. 项目评价内容主要包括(　　)。

  A. 项目完成情况   B. 项目成果   C. 项目维护计划

  D. 项目意义   E. 项目材料用量

4. BIM 技术在设计阶段的应用主要体现在(　　)。

  A. 可视化设计交流   B. 勘察分析   C. 协同设计冲突检查

  D. 设计阶段造价控制   E. 施工图生成

5. BIM 技术在运维阶段的具体应用主要包括(　　)。

  A. 空间管理   B. 资产管理   C. 维护管理

  D. 企业管理   E. 能耗管理

三、简答题

1. BIM 的技术路线分为几条？有何不同？

2. 简述 BIM 的组织架构。

3. 在运维阶段，BIM 的运用优势有哪些？

第 5 章 习题答案.pdf

实训工作单一

班级			姓名			日期	
教学项目			项目 BIM 的实施与应用				
任务	学习 BIM 的组织架构及团队构成		学习途径		本书中的相关知识，自行查找相关书籍		
学习目标			掌握 BIM 的技术路线及技术资源配置				
学习要点							
学习记录							
评语						指导老师	

实训工作单二

班级		姓名		日期	
教学项目		项目 BIM 的实施与应用			
任务	学习 BIM 在各阶段的应用	学习途径	本书中的相关知识，自行查找相关书籍		
学习目标		掌握 BIM 在各方面的应用及评估			
学习要点					
学习记录					
评语			指导老师		

第6章　BIM 协同设计与可视化

【教学目标】

- 了解 BIM 协同设计与可视化的发展。
- 了解 BIM 信息集成与交换。
- 熟悉 BIM 协同设计。
- 熟悉 BIM 可视化。

第6章　BIM 协同　　　BIM 协同设计与　　　BIM 协同设计与
设计与可视化.pptx　　可视化.mp4　　　　可视化演示.mp4

【教学要求】

本章要点	掌握层次	相关知识点
BIM 协同设计与可视化发展	了解 BIM 协同设计和可视化发展	BIM 协同设计与可视化
BIM 信息集成与交换	了解 BIM 信息集成与交换	BIM 信息集成与交换
BIM 协同设计	熟悉 BIM 协同设计	BIM 协同设计
BIM 可视化	熟悉 BIM 可视化	BIM 可视化

【案例导入】

以坐落在澳大利亚墨尔本的 Eureka 大厦为例,大厦共 92 层,总高度 300 米(984 英尺)。在当时是世界上最高的住宅建筑,也是世界上应用 BIM 的概念、方法和步骤进行设计的最大工程项目之一。该项目始建于 2002 年,并于 2005 年内建成。

承担该工程的 FKA 公司以前一直采用 2D CAD 软件出图,由于软件的局限性,导致在工程中出现过一些差错。在承接 Eureka 大厦这个项目时,决定采用 BIM 技术并引进 ArchiCAD,取得了令人满意的效果。大约 1000 张 A1 大小的施工图都是从基于 BIM 的 3D 模型直接生成的。由于每一张图都来源于模型,因此模型上的任何修改施工图都能自动更新,包括尺寸标注的更新。节省时间、减少错误所获利益比以前提升了很多倍。使用 BIM 技术后,使公司的多层管理结构,趋于平面化,减少了设计负责人和年轻技术人员之间的矛盾。在经济上获益的同时,还获得了许多非技术性收益。

请结合本章内容，论述 BIM 协同设计与可视化，同时思考 BIM 在现代科学技术的高速发展下会有怎样的发展前景与应用。

6.1 概　述

近年来，我国工程建设规模虽然不断扩大，建筑业体量早已超过美国居全球首位，但建筑业信息化程度低下，根据麦肯锡最新研究，2017 年我国建筑业数字化指数甚至低于农业，居最后一位。庞大的建筑业体量与极低的信息化水平形成强烈反差，也反映出我国建筑业信息化空间巨大。当前，国家大力推进建筑业信息化，以 BIM、云计算、大数据、物联网等为特征的建筑业信息化快速发展，国家住建部更是把 BIM 应用视为建筑行业信息化的最佳解决方案。

BIM 是在计算机辅助设计(CAD)等技术基础上发展起来的多维模型信息集成，以三维设计为基础，具有可视化、模拟性、优化性、协调性和可出图性等特点，从而为建筑工程带来全新的工作模式和管理模式。

BIM 的思想是实现工程全生命周期过程中各个阶段不同专业的信息交换与共享，但目前针对 BIM 技术的应用大多局限于工程项目生命的早期阶段，也就是建设阶段的勘察、设计、施工、工程管理等环节，在信息交换、协同与可视化方面，仍缺乏统一的信息表达标准和通用的协同技术方案，常常造成同一项目不同专业之间的数据信息难以交换和共享。在中国，基于信息集成技术的研究和相应的软件开发与欧美等国家相比，仍相对滞后。因此，对于如何实现真正意义上面向工程全生命周期信息集成和协同工作的研究仍缺乏成熟的解决方案。

信息共享与协同工作是 BIM 的核心理念，工程建设领域对于建筑信息模型 BIM 的应用，可以促进工程生命期内各种信息资源的有效集成和共享，不仅可以减少专业间的矛盾，提高设计效率，更重要的是可以缩短项目设计时间，最终降低设计成本。

可视化(visualization)是利用计算机图形学和图像处理技术，将数据转换成图形或图像在屏幕上显示出来，并进行交互处理的理论、方法和技术。它涉及计算机图形学、图像处理、计算机视觉、计算机辅助设计等多个领域，成为研究数据表示、数据处理、决策分析等一系列问题的综合技术。目前正在飞速发展的虚拟现实技术就是以图形图像的可视化技术为依托的。

6.2 BIM 信息集成与交换

6.2.1 BIM 信息集成

BIM 信息集成与
交换示意图.pdf

信息集成(Information Integration)技术是伴随着计算机技术的发展应运而生的,是把不同来源、格式、特点和性质的数据在逻辑上或物理上有机地集中,从而为企业提供全面的信息共享,通常包含数据的集成、整合、融合、组合等含义,是协同工作能够正常进行的前提。

"互联网+"的概念被正式提出之后迅速发酵,各行各业纷纷尝试借助互联网思维推动行业发展,建筑施工行业也不例外。随着 BIM 应用逐步走向深入,单纯应用 BIM 的项目越来越少,更多的是将 BIM 与其他先进技术集成或与应用系统集成,以期发挥更大的综合价值。

1. BIM+PM

PM 是项目管理的英文缩写,是在限定的工期、质量、费用目标内对项目进行综合管理,以实现预定目标的管理工作。BIM 与 PM 的集成应用表现为:①通过建立 BIM 应用软件与项目管理系统之间的数据转换接口,充分利用 BIM 的直观性、可分析性、可共享性及可管理性等特性,为项目管理的各项业务提供准确及时的基础数据与技术分析手段。②配合项目管理的流程、统计分析等管理手段,实现数据产生、数据使用、流程审批、动态统计、决策分析的完整管理闭环,以提升项目综合管理能力和管理效率。③为项目管理提供可视化管理手段。例如,二者集成的 4D 管理应用,可直观反映整个建筑的施工过程和虚拟形象进度,帮助项目管理人员合理地制订施工计划,优化使用施工资源。④为项目管理提供更有效的分析手段。例如,针对一定的楼层,在 BIM 集成模型中获取收入、计划成本,在项目管理系统中获取实际成本数据,并进行三算对比分析,辅助动态成本管理。⑤为项目管理提供数据支持。例如,利用 BIM 综合模型可方便快捷地为成本测算、材料管理以及审核分包工程量等业务提供数据,在大幅提升工作效率的同时,有效提高决策水平。

【案例 6-1】针对超高层施工难度大、多专业施工立体交叉频繁等问题,广州周大福国际金融中心项目与广联达软件股份有限公司合作开发了东塔 BIM 综合项目管理系统,实现了 BIM 模型与项目管理中各种数据的互联互通,有效降低了成本,缩短了工期,项目管理

水平大大提高，成为 BIM 与 PM 集成应用于超高层建筑施工的典范，如图 6-1 所示。

图 6-1　广州周大福国际金融中心

结合所学，分析哪些地方节约了成本。

2. BIM+云计算

云计算是一种基于互联网的计算方式，以这种方式共享的软硬件和信息资源可以按需提供给计算机和其他终端使用。基于云计算强大的计算能力，可将 BIM 应用中计算量大且复杂的工作转移到云端，以提高计算效率；基于云计算的大规模数据存储能力，可将 BIM 模型及其相关业务数据同步到云端，方便用户随时随地访问并与协作者共享；云计算使得 BIM 技术走出办公室，用户在施工现场可通过移动设备随时连接云服务，及时获取所需的 BIM 数据和服务等。BIM 云数据中心如图 6-2 所示。

根据云的形态和规模，BIM 与云计算集成应用将经历初级、中级和高级发展阶段。初级阶段以项目协同平台为标志，主要厂商的 BIM 应用通过接入项目协同平台，初步形成文档协作级别的 BIM 应用；中级阶段以模型信息平台为标志，合作厂商基于共同的模型信息平台开发 BIM 应用，并组合形成构件协作级别的 BIM 应用；高级阶段以开放平台为标志，用户可根据差异化需要从 BIM 云平台上获取所需的 BIM 应用，并形成自定义的 BIM 应用。

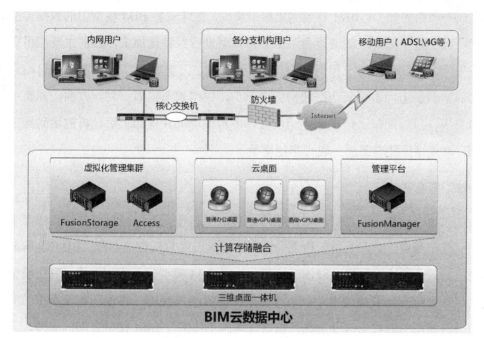

图 6-2　BIM 云数据中心

3．BIM+物联网

物联网是通过射频识别、红外感应器、全球定位系统、激光扫描器等信息传感设备，按约定的协议将物品与互联网连接进行信息交换和通信，以实现智能化识别、定位、跟踪、监控和管理的一种网络。BIM 与物联网集成应用，实质上是建筑全过程信息的集成与融合。BIM 技术发挥上层信息集成、交互、展示和管理的作用，物联网技术则承担底层信息感知、采集、传递、监控的功能。两者集成应用可使建筑全过程"信息流闭环"，实现虚拟信息化管理与实体环境硬件之间的有机融合。BIM 在设计阶段应用较多，并向建造和运维阶段的应用延伸。物联网应用目前主要集中在建造和运维阶段，两者集成应用将会产生极大的价值。在工程建造阶段，两者集成应用可提高施工现场安全管理能力，确定合理的施工进度，支持有效的成本控制，提高质量管理水平。在建筑运维阶段，两者集成应用可提高设备的日常维护维修工作效率，提升重要资产的监控水平，增强安全防护能力，并支持智能家居。

4．BIM+数字化加工

数字化是将不同类型的信息转换为可以度量的数字，将这些数字保存在适当的模型中，再将模型引入计算机进行处理的过程。数字化加工则是在已经建立的数字模型基础上，利

用生产设备完成对产品的加工。BIM 与数字化加工集成，意味着将 BIM 模型中的数据转换成数字化加工所需的数字模型，制造设备可根据该模型进行数字化加工，目前主要应用在预制混凝土板生产、管线预制加工和钢结构加工三个方面。一方面，工厂精密机械自动完成建筑物构件的预制加工，不仅制造出的构件误差小，生产效率也高；另一方面，建筑中的门窗、整体卫浴、预制混凝土结构和钢结构等许多构件均可异地加工后，再被运到施工现场进行装配，既可缩短建造工期，也可掌控质量。

5. BIM+智能型全站仪

智能型全站仪由电动机驱动，在相关应用程序控制下，在无人干预时可自动完成多个目标的识别、照准与测量，且在无反射棱镜的情况下可对一般目标直接测距。BIM 与智能型全站仪集成应用，是通过对软件、硬件进行整合，将 BIM 模型带入施工现场，利用模型中的三维空间坐标数据驱动智能型全站仪进行测量。两者集成应用，将现场测绘所得的实际建造结构信息与模型中的数据进行对比，核对现场施工环境与 BIM 模型之间的偏差，为机电、精装、幕墙等专业的深化设计提供依据。同时，基于智能型全站仪高效精确的放样定位功能，结合施工现场轴线网、控制点及标高控制线，可高效快速地将设计成果在施工现场进行标定，实现精确的施工放样，并为施工人员提供更加准确直观的施工指导。此外，基于智能型全站仪精确的现场数据采集功能，在施工完成后对现场实物进行实测实量，通过对实测数据与设计数据进行对比，可检查施工质量是否符合要求。

【案例 6-2】目前，国外已有很多企业在施工中将 BIM 与智能型全站仪集成应用进行测量放样。我国尚处于探索阶段，只有深圳市城市轨道交通 9 号线、深圳平安金融中心和北京望京 SOHO 等少数项目在应用。未来，两者集成应用将与云技术进一步结合，使移动终端与云端的数据实现双向同步；还将与项目质量管控进一步融合，使质量控制和模型修正无缝融入原有工作流程，进一步提升 BIM 的应用价值。

结合上文，分析 BIM+智能型全站仪的应用为工程带来了哪些便利？

6. BIM+GIS

GIS 即地理信息系统，是用于管理地理空间分布数据的计算机信息系统，以直观的地理图形方式获取、存储、管理、计算、分析和显示与地球表面位置相关的各种数据。BIM 与GIS 集成应用，是通过数据集成、系统集成或应用集成来实现的，可在 BIM 应用中集成 GIS，也可以在 GIS 应用中集成 BIM，或是 BIM 与 GIS 深度集成，以发挥各自优势，拓展应用领域。目前，两者集成在城市规划、城市交通分析、城市微环境分析、市政管网管理、住宅小区规划、数字防灾、既有建筑改造等诸多领域有所应用，与各自单独应用相比，在建模质量、分析精度、决策效率、成本控制水平等方面都有明显提高。

(1) BIM 与 GIS 集成应用，可提高长线工程和大规模区域性工程的管理能力。BIM 的应用对象往往是单个建筑物，利用 GIS 宏观尺度上的功能，可将 BIM 的应用范围扩展到道路、铁路、隧道、水电、港口等工程领域。如邢汾高速公路项目开展 BIM 与 GIS 集成应用，实现了基于 GIS 的全线宏观管理、基于 BIM 的标段管理以及桥隧精细管理相结合的多层次施工管理。

(2) BIM 与 GIS 集成应用，可提升大规模公共设施的管理能力。现阶段，BIM 应用主要集中在设计、施工阶段，而两者集成应用可解决大型公共建筑、市政及基础设施的 BIM 运维管理，将 BIM 应用延伸到运维阶段。例如，昆明新机场项目将两者集成应用，成功开发了机场航站楼运维管理系统，实现了航站楼物业、机电、流程、库存、报修与巡检等日常运维管理和信息动态查询。

(3) BIM 与 GIS 集成应用，还可以拓宽和优化各自的应用功能。导航是 GIS 应用的一个重要功能，但仅限于室外。两者集成应用，不仅可将 GIS 的导航功能拓展到室内，还可以优化 GIS 已有的功能。如利用 BIM 模型对室内信息的精细描述，可以保证在发生火灾时室内逃生路径是最合理的，而不再只是路径最短。

当前，BIM 和 GIS 不约而同地开始融合云计算这项新技术，分别出现了"云 BIM"和"云 GIS"的概念，云计算的引入将使 BIM 和 GIS 的数据存储方式发生改变，数据量级得到提升，并得到跨越式发展。

7. BIM+3D 扫描

3D 扫描是集光、机、电和计算机技术于一体的高新技术，主要用于对物体空间外形、结构及色彩进行扫描，以获得物体表面的空间坐标，具有测量速度快、精度高、使用方便等优点，且其测量结果可直接与多种软件接口。3D 激光扫描技术又被称为实景复制技术，采用高速激光扫描测量方法，可大面积、高分辨率快速地获取被测量对象表面的 3D 坐标数据，为快速建立物体的 3D 影像模型提供全新的技术手段。

BIM 与 3D 扫描集成，是将 BIM 模型与所对应的 3D 扫描模型进行对比、转换和协调，达到辅助工程质量检查、快速建模、减少返工的目的，以解决传统方法无法解决的问题。BIM 与 3D 激光扫描技术的集成，越来越多地被应用在建筑施工领域，在施工质量检测、辅助实际工程量统计、钢结构预拼装等方面体现出较大价值。例如，将施工现场的 3D 激光扫描结果与 BIM 模型进行对比，可检查现场施工情况与模型、图纸的差别，协助发现现场施

工中的问题，这在传统方式下需要工作人员拿着图纸、皮尺在现场检查，费时又费力。再如，针对土方开挖工程中较难统计测算土方工程量的问题，可在开挖完成后对现场基坑进行 3D 激光扫描，基于点云数据进行 3D 建模，再利用 BIM 软件快速测算实际模型体积，并计算现场基坑的实际挖掘土方量。此外，通过与设计模型进行对比，还可以直观了解基坑挖掘质量等其他信息。

8．BIM+虚拟现实

虚拟现实也称作虚拟环境或虚拟真实环境，是一种 3D 环境技术，集先进的计算机技术、传感与测量技术、仿真技术、微电子技术等为一体，借此产生逼真的视、听、触、力等 3D 感觉环境，形成一种虚拟世界。虚拟现实技术是人们运用计算机对复杂数据进行的可视化操作，与传统的人机界面以及流行的视窗操作相比，虚拟现实在技术思想上有了质的飞跃。

BIM 技术的理念是建立涵盖建筑工程全生命周期的模型信息库，并实现各个阶段、不同专业之间基于模型的信息集成和共享。BIM 与虚拟现实技术集成应用，主要内容包括虚拟场景构建、施工进度模拟、复杂局部施工方案模拟、施工成本模拟、多维模型信息联合模拟以及交互式场景漫游，目的是应用 BIM 信息库辅助虚拟现实技术更好地在建筑工程项目全生命周期中进行应用。其具有以下特点。

(1) BIM 与虚拟现实技术集成应用，可提高模拟的真实性。传统的 2D、3D 表达方式，只能传递建筑物单一尺度的部分信息，使用虚拟现实技术可展示一栋真实的虚拟建筑物，使人产生身临其境之感。并且，可以将任意相关信息整合到已建立的虚拟场景中，进行多维模型信息联合模拟。可以实时、任意视角查看各种信息与模型的关系，指导设计、施工，辅助监理、监测人员开展相关工作。

(2) BIM 与虚拟现实技术集成应用，可有效支持项目成本管控。据不完全统计，一个工程项目大约有 30%的施工过程需要返工、60%的劳动力资源被浪费、10%的材料被损失浪费。不难推算，庞大的建筑施工行业每年约有万亿元的资金流失。BIM 与虚拟现实技术集成应用，通过模拟工程项目的建造过程，在实际施工前即可确定施工方案的可行性及合理性，减少或避免设计中存在的大多数错误；可以方便地分析出施工工序的合理性，生成对应的采购计划和财务分析费用列表，高效地优化施工方案；还可以提前发现设计和施工中的问题，对设计、预算、进度等属性及时更新，并保证获得数据信息的一致性和准确性。两者集成应用，在很大程度上可减少建筑施工行业中普遍存在的低效、浪费和返工现象，大大缩短项目计划和预算编制时间，提高计划和预算的准确性。

(3) BIM 与虚拟现实技术集成应用，可有效提升工程质量。在施工之前，将施工过程

在计算机上进行 3D 仿真演示，可以提前发现并避免在实际施工中可能遇到的各种问题，如管线碰撞、构件安装等，以便指导施工和制订最佳施工方案，从整体上提高建筑施工效率，确保工程质量，消除安全隐患，同时降低施工成本与时间耗费。

(4) BIM 与虚拟现实技术集成应用，可提高模拟工作中的可交互性。在虚拟的 3D 场景中，可以实时切换不同的施工方案，在同一个观察点或同一个观察序列中感受不同的施工过程，有助于比较不同施工方案的优势与不足，以确定最佳施工方案。同时，还可以对某个特定的局部进行修改，并实时与修改前的方案进行分析比较。此外，还可以直接观察整个施工过程的三维虚拟环境，快速找到不合理或者错误之处，避免施工过程中的返工。虚拟施工技术在建筑施工领域的应用将是一个必然趋势，在未来的设计、施工中的应用前景广阔，必将推动我国建筑施工行业迈入一个崭新的时代。

9. BIM+3D 打印

3D 打印技术是一种快速成型技术，是以 3D 数字模型文件为基础，通过逐层打印或粉末熔铸的方式构造物体的技术，综合了数字建模技术、机电控制技术、信息技术、材料科学与化学等方面的前沿技术。BIM 与 3D 打印的集成应用，主要是在设计阶段利用 3D 打印机将 BIM 模型微缩打印出来，供方案展示、审查和进行模拟分析；在建造阶段采用 3D 打印机直接将 BIM 模型打印成实体构件和整体建筑，部分替代传统施工工艺来建造建筑。BIM 与 3D 打印的集成应用，可谓两种革命性技术的结合，为建筑从设计方案到实物的过程开辟了一条"高速公路"，也为复杂构件的加工制作提供了更高效的方案。目前，BIM 与 3D 打印技术集成应用有以下三种模式。

1) 基于 BIM 的整体建筑 3D 打印

应用 BIM 进行建筑设计，将设计模型交付专用 3D 打印机，打印出整体建筑物。利用 3D 打印技术建造房屋，可有效降低人力成本，作业过程基本不产生扬尘和建筑垃圾，是一种绿色环保工艺，在节能降耗和环境保护方面较传统工艺有非常明显的优势。

2) 基于 BIM 和 3D 打印制作复杂构件

传统工艺制作复杂构件，受人为因素影响较大，精度和美观度不可避免地会产生偏差。而 3D 打印机由计算机操控，只要有数据支撑，便可将任何复杂的异型构件快速、精确地制造出来。BIM 与 3D 打印技术集成进行复杂构件制作，不再需要复杂的工艺、措施和模具，只需将构件的 BIM 模型发送到 3D 打印机，短时间内即可将复杂构件打印出来，缩短了加工周期，降低了成本，且精度非常高，可以保障复杂异型构件几何尺寸的准确性和实体质量。

3) 基于 BIM 和 3D 打印的施工方案实物模型展示

用 3D 打印制作的施工方案微缩模型，可以辅助施工人员更为直观地理解方案内容，且携带、展示不需要依赖计算机或其他硬件设备 360°全视角观察，克服了打印 3D 图片和 3D 视频角度单一的缺点。

6.2.2 BIM 信息交换

BIM 模型的数据交换技术和数据交换标准，是 BIM 研究中被长期关注的热点问题。在 BIM 应用中，最重要的问题就是信息(数据)交换。那么，什么是信息交换？简单来说就是把 A 软件的数据导入 B 软件中，看似很简单的一个问题，却一直是当前 BIM 应用和发展的瓶颈。

早期，软件之间的数据交换被简单地理解为两个具备上下游业务接力关系的软件之间的专用接口，在这种专用接口中，所传递的数据仅需满足特定下游软件的需要即可，多数情况下，这种接口所连接的两个软件可能同属一个软件供应商或者两个具有密切关系的软件供应商，接口的开发可以通过剖析上下游软件的数据结构来实现，以此产生较好的数据交换效果。随着 BIM 应用范围的扩展，BIM 数据交换需要在多个软件之间进行，不同软件使用的数据模型可能千差万别，数据接口就像是不同语言之间的翻译工作，很难做到数据模型的精确转换。另外，不同软件的应用目的也不同，包含的信息和数据也不尽相同。因此，针对不同来源信息的有效集成需要一种统一的交换格式，BIM 的信息互协即是指不同应用工具之间具备信息交换的能力，能够使工作流程变得顺畅，加速协同工作的自动化。

解决建筑信息模型共享与转换的方法在于标准。有了统一的标准，也就有了系统之间交流的共同语言，信息自然就会在不同系统之间流转起来。

建筑信息模型标准的核心目标是实现建筑全生命周期各阶段各专业 BIM 相关系统之间的相互操作性，是一个建立在现有国家标准框架基础上的，包含 BIM 所有相关标准，其主要标准体系包括数据存储标准、信息语义标准以及信息交换标准。由于信息交换标准在整个 BIM 标准中处于核心地位，因此要严格按照一整套信息交换标准的方法和步骤进行开发。

1. 计划阶段

计划阶段的主要目标是通过信息传递规程(IDM)等方法获取用户对项目业务流程中的信息交换需求，并将信息交换需求作为下一阶段设计解决的开发基础。计划阶段面向用户，

核心是通过来自不同专业领域的专家小组座谈及用例分析，确定业务流程图和信息交换需求。

2．设计阶段

设计阶段将会根据计划阶段确定的业务流程图及其对应的信息交换需求，开发通用性数据模型，这一模型被称为交换需求模型。由于业务流程和相对应的交换需求模型的数量非常大，为了简化计算机应用程序的开发，需要将不同的相关业务流程整合到通用模型视图定义中。因此，建筑领域的专家需要确定业务流程和交换需求，而软件开发领域的专家需要将离散的交换需求整合到统一的、标准化的以及可编程的模型视图中。

3．建造阶段

在建造阶段，上一阶段开发的通用模型视图定义将会进一步深化为基于 IFC 的特定模型视图定义，并被应用到软件开发中。建造阶段将更多地需要 BIM 软件提供商对基于 IFC 的特定模型视图进行审阅和提供反馈，通过对这些反馈进行评估和协调，将会对最终的模型视图定义做进一步的修改。

4．部署阶段

部署阶段指建筑领域的最终用户接受 BIM 标准的一系列业务活动，包括使用通用 BIM 指南和特定 BIM 指南，使用通过认证的 BIM 软件创建、编辑、导入和导出 BIM 模型，进行 BIM 模型的交换和数据验证，以及 BIM 数据的二次应用和拓展。

6.3　BIM 协同设计

BIM 协同设计.mp3

BIM 技术是 CAD 技术发展的必然趋势。目前我国工程勘察设计企业 BIM 技术主要应用于 CAD 图纸的翻模，不仅增加了额外的工作量，还滞后于 CAD 设计图纸的更新，严重阻碍 BIM 技术的推广。产生这些问题的根本原因是：单一 BIM 专业软件虽没有数据交换问题，但却不能满足专业设计人员的要求，只能进行 CAD 图纸的翻模；多种 BIM 专业软件虽能满足专业设计人员的要求，但多种 BIM 专业软件之间的数据格式不兼容，难以进行多专业 BIM 协同设计。如何实现协同则成为 BIM 实现提升工程建设行业全产业链各个环节质量和效率终极目标的重要保障工具和手段。

近年来，随着 BIM 技术的快速发展和应用的深入，传统的以"甩图板"为目的和提高

設計效率的二維 CAD 技術已經失去其優勢，以 BIM 促進協同設計正成為新世紀建築業信息化發展的標志。由美國 Gensler 建築設計事務所設計的上海中心大廈，總高度為 632m，於 2015 年 7 月正式投入使用，如圖 6-3 所示。該大廈採用了 BIM 協同技術，其特點是自建築方案初期就綜合各專業協同設計，特別是建築造型與結構方案選擇的協調統一成為該工程設計的一大亮點。由於建築總高度達到 632m，風荷載的影響是結構工程師所要考慮的重要因素，因此在考慮建築外部造型的同時，必須慎重優化結構體征，降低風荷載的作用。據估算,風荷載每降低 5%,造价將降低 1200 萬美元。Gensler 事務所利用基於 BIM 的 Bentley Generative Components 參數化設計工具製作建築表面模型，在保證功能及美觀的同時也將該模型用於結構風洞試驗及計算分析，最終優化的結果是將風荷載降低了 32%，這對於 2D 設計模式來說是不可能完成的。

图 6-3　上海中心大厦

6.3.1　协同设计内涵

尽管协同设计的理念已经深入建筑师和工程师的脑海中，然而对于协同设计的含义及内容，以及它的未来发展，人们的认识却并不统一。目前所说的协同设计，很大程度上是指基于网络的一种设计沟通交流手段，以及设计流程的组织管理形式。包括：通过 CAD 文件之间的外部参照，使得工种之间的数据得到可视化共享；通过网络消息、视频会议等手段，使设计团队成员之间可以跨部门、跨地域，甚至跨国界进行成果交流、开展方案评审或讨论设计变更；通过建立网络资源库，使设计者能够获得统一的设计标准；通过网络管理软件的辅助，使项目组成员以特定角色登录，可以保证成果的实时性及唯一性，并实现设计流程管理；针对设计行业的特殊性，甚至开发出了基于 CAD 平台的协同工作软件等。

而 BIM 的出现，则从另一角度带来了设计方法的革命，其变化主要体现在以下几个方面。

(1) 从二维设计转向三维设计；

(2) 从线条绘图转向构件布置；

(3) 从单纯几何表现转向全信息模型集成；

(4) 从各工种单独完成项目转向各工种协同完成项目；

(5) 从离散的分步设计转向基于同一模型的全过程整体设计；

(6) 从单一设计交付转向建筑全生命周期支持。

BIM 带来的是激动人心的技术冲击，而更加值得注意的是 BIM 技术与协同设计技术将成为互相依赖、密不可分的整体。协同是 BIM 的核心概念，同一构件元素，只需输入一次，各工种之间共享元素数据，并从不同的专业角度操作该构件元素。从这个意义上说，协同已经不再是简单的文件参照。可以说 BIM 技术将为未来协同设计提供底层支撑，大幅提升协同设计的技术含量。BIM 带来的不仅是技术，也将是新的工作流及新的行业惯例。

因此，未来的协同设计，将不再是单纯意义上的设计交流、组织及管理手段，它将与 BIM 融合，成为设计手段本身的一部分。借助于 BIM 的技术优势，协同的范畴也将从单纯的设计阶段扩展到建筑全生命周期，需要设计、施工、运营、维护等各方的集体参与，因此具备了更广泛的意义，从而带来综合效益的大幅提升。

协同设计系统的主要功能可以归纳为以下几点：①共享工程信息文档；②异地协同工作，缩短时空距离；③运用多媒体通信技术促进不同地域参与者的协同；④多人在同一图纸、同一时间协同设计、编辑工作；⑤对文档处理和工程项目设计进度进行综合管理。

6.3.2 BIM 促进协同设计

BIM 促进协同设计的核心是构建三维设计共享空间，建立设计共享空间需要有良好的设计管理平台的支持。但是，仅依靠一个设计管理软件就可以实现协同设计工作是不切实际的想法，设计管理平台只是一个工具，如何灵活运用这个工具，是每一个设计公司推广协同设计时都要面临的问题之一。

BIM 促进协同设计的过程中，有两种信息获取方式。一种方式是在协同过程中出平台传输，设计人员被动接受的信息。例如，下游专业参照上游专业的设计信息，当上游专业修改设计信息时，协同设计平台将促使下游专业修改参照内容。另一种方式是由设计人员自己主动得到的信息。例如，上游专业将设计资料置于设计管理平台，下游专业从平台获取资料的过程。其实，在设计实践中，信息的获取通常是上述两种方式的结合。

在 BIM 协同设计过程中，通常存在两种工作模式，即异步协同设计和同步协同设计。异步协同设计是一种松散耦合的协同工作，是多个设计人员在分布集成的平台上围绕共同的任务进行协同设计工作，但各自有不同的工作空间，可以在不同的时间内进行工作。而同步协同设计是一种紧密耦合的协同工作，其特点是多个协作者在相同的时间内，通过共享工作空间进行设计活动，并且任何一个协作者都可以迅速地从其他协作者处得到反馈信息。由于工程设计的复杂性和多样性，单一的同步或者异步协同模式都无法满足其需求。大多数情况下，由于同步协同需要解决网上高速实时传输模型和设计意图、需要有效地解决并发冲突、需要在线动态集成等诸多问题，所以实施起来难度要大得多。事实上，在 BIM 协同设计过程中，异步协同与同步协同往往交替出现，不同专业间的协同工作常采用异步协同，同一专业内的协同工作常采用同步协同。对于 BIM 来说，更多的设计会采用同步协同的模式，即采用共享的工作方式进行并行设计。

BIM 促进协同设计，并不只是设计表现形式的变革，也会带来协同方式的变革，因为 BIM 有数据库的支持。因此，对于协同设计来说，就会有更多、更好的信息支持，而对数据的处理可以更加灵活，也将会有更好的冲突消解方式。

6.4 BIM 可视化

6.4.1 虚拟现实技术

1. 虚拟现实技术概述

BIM 可视化.mp3　　建筑 VR 技术.pdf

虚拟现实(Virtual Reality，VR)技术是 20 世纪 90 年代以来兴起的一种新型信息技术，它与多媒体技术、网络技术并称为三大前景最好的计算机技术。它以计算机技术为主，利用并综合三维图形动画技术、多媒体技术、仿真技术、传感技术、显示技术、伺服技术等多种高科技的最新发展成果，利用计算机等设备产生一个逼真的 3D 视觉、触觉、嗅觉等多种感官体验的虚拟世界，从而使处于虚拟世界中的人产生身临其境的感觉。在这个虚拟世界中，可直接观察周围世界及物体的内在变化，与其中的物体之间进行自然的交互，并能实时产生与真实世界相同的感觉，使人与计算机融为一体。与传统的模拟技术相比，VR 技术的主要特征是：用户能够进入一个由计算机系统生成的交互式的 3D 虚拟环境中，并可与之进行交互。通过参与者与仿真环境的相互作用，并利用人类本身对所接触事物的感知和认知能力，帮助启发参与者的思维，全方位地获取事物的各种空间信息和逻辑信息。

2. 虚拟现实系统的构成

典型的 VR 系统主要由计算机、应用软件系统、输入输出设备、用户和数据库等组成，如图 6-4 所示。

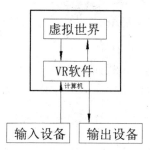

图 6-4　虚拟现实系统的一般构成

3. VR 技术的特征

1) 沉浸性

沉浸性(Immersion)是指用户感受到被虚拟世界所包围，好像完全置身于虚拟世界中一

样。VR 技术最主要的技术特征是让用户觉得自己是计算机系统所创建的虚拟世界中的一部分，让用户由观察者变成参与者，沉浸其中并参与虚拟世界的活动。理想的虚拟世界应该达到让使用者难以分辨真假的程度，甚至超越真实，实现比现实更逼真的照明和音响效果。

2) 交互性

交互性(Interactivity)的产生，主要借助于 VR 系统中的特殊硬件设备(如数据手套、力反馈装置等)，使用户能通过自然的方式，产生同在真实世界中一样的感觉。

3) 想象性

想象性(Imagination)指虚拟的环境是人想象出来的，同时这种想象体现出设计者相应的思想，因而可以用来实现一定的目标。所以说 VR 技术不仅是一个媒体或一个高级用户界面，同时还是为解决工程、医学、军事等方面的问题而由开发者设计出来的应用软件。

4. 应用领域

1) VR 与医学

外科医生在动手术之前，通过 VR 技术的帮助，能在显示器上重复地模拟手术，移动人体内的器官，寻找最佳手术方案并提高熟练度；而在医学院校的虚拟实验室中，学生们在模拟手术中不仅可以感受到触觉，还能看到伤口流血，如图 6-5 所示。

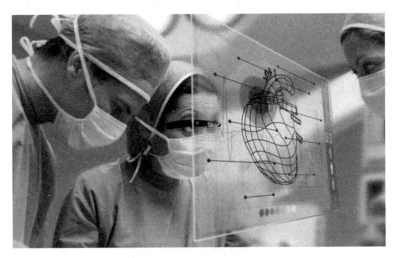

图 6-5　VR 虚拟医学诊断

2) VR 与游戏

很多大型游戏都有着复杂的故事背景，一款游戏就好像是一个新的世界，为了增加游戏的娱乐性，开发者试图让场景更加真实，动作更加逼真，而 VR 技术的优势恰恰在于能够让玩家身临其境，在虚拟世界中寻找在现实世界无法满足的乐趣和成就感。如果玩家把"我是在玩游戏"的自我意识弱化到最低，那么 VR 在游戏领域就算成功了，如图 6-6 所示。

图 6-6　VR 虚拟游戏

3)　VR 与电影/演唱会

从 3D 开始，电影就一直致力于加深"沉浸式"体验的感觉，IMax、DMax，包括 4D，无一例外地希望给观众营造一种强烈的临场感。而 VR 与电影的结合，则是把这种体验做到了极致。通过 VR，观众将以片中角色的视角完成观看，甚至还可以在不影响剧情主线发展的情况下直接参与到剧情中，如图 6-7 所示。

图 6-7　VR 电影

4)　VR 与旅行

2015 年年底，万豪酒店推出了虚拟旅行体验活动，用户可通过 Oculus Rift 前往伦敦或

者夏威夷旅行；而一款名为 The Wild Within 的应用则能够让人在家中体验荒野生存的感觉；此外，谷歌的虚拟历史服务甚至可以带领用户到世界上任何无法深入的古迹，比如完整的庞贝古城、神秘的金字塔内部等。

5) VR 与电商

戴上 VR 眼镜后，买家可以在海量的衣服中搜寻合身的衣服，一件件在身上试穿。不合身？右手轻挥马上消失，下一件自动穿上。

6) VR 与房地产

样板间与实体房总是有许多差距。戴上 VR 眼镜后，如图 6-8 所示，人们可以在"楼上的房间"内细细踱步，体验每一处细节，甚至可以从窗户向外观看小区绿化与楼间距。甚至可以观察天花板与墙体的厚度，用 VR 进行房间预装修。

图 6-8　VR 虚拟样板间

7) VR 与城市规划

VR 技术不仅能十分直观地表现虚拟城市环境，而且能很好地模拟各种天气情况下的城市，让人们一目了然地了解排水系统、供电系统、道路交通、沟渠湖泊等。还能模拟飓风、火灾、水灾、地震等自然灾害的突发情况，对城市规划有举足轻重的作用。

8) VR 与文物展示

通过计算机网络来整合统一大范围内的文物资源，并且通过网络在大范围内利用 VR 技术，更加全面、生动、逼真地展示文物，从而使文物脱离地域限制，实现资源共享，真正成为全人类可以"拥有"的文化遗产，如图 6-9 所示。

图 6-9 VR 文物展示

6.4.2 可视化技术

1. 可视化概述

测量的自动化、网络传输过程的数字化和大量的计算机仿真产生了海量数据，超出了人类分析处理的能力。可视化提供了解决这种问题的一种新工具。一般意义下的可视化定义为：可视化是一种使复杂信息能够容易和快速被人理解的手段，是一种聚焦在信息重要特征的信息压缩语言，是可以放大人类感知的图形化表示方法。可视化就是把数据、信息和知识转化为可视的表示形式并获得对数据更深层次认识的过程。可视化作为一种可以放大人类感知的数据、信息、知识的表示方法，日益受到重视并得到越来越广泛的应用。可视化可以应用到简单问题上，也可以应用到复杂系统状态的表示上，从可视化的表示中人们可以发现新的线索、新的关联、新的结构、新的知识，促进人机系统的结合和科学决策。

可视化充分利用计算机图形学、图像处理、用户界面、人机交互等技术，形象、直观地显示科学计算的中间结果和最终结果并进行交互处理。可视化技术以人们惯于接受的表格、图形、图像等方法并辅以信息处理技术将客观事物及其内在联系进行表现。

可视化为人类与计算机这两个信息处理系统之间提供了一个接口。可视化对于信息的处理和表达方式有其他方式无法取代的优势，其特点可总结为可视性、交互性和多维性。

2. 可视化技术

目前，可视化技术包括数据可视化、科学计算可视化、信息可视化和知识可视化等，

这些概念及应用存在着区别、交叉和联系。

1) 数据可视化

数据可视化技术指的是运用计算机图形学和图像处理技术，将数据转换为图形或图像在屏幕上显示出来，并进行交互处理的理论、方法和技术。

数据可视化的重点是将多维数据在 2D 或 3D 空间内显示，这对初步的数据分类理解是有意义的。针对此，产生了许多数据可视化的技术，大体分为散点矩阵法、投影矩阵法、平行坐标法、面向像素的可视化技术、层次技术、动态技术、图标表示技术、直方图法及一些几何学技术等。此外还采用主成分分析、因子分析、投影寻踪、主曲线、主曲面、多维标度图和自组织映射、直方图法及一些几何学技术等。运用主成分分析、因子分析、投影寻踪、主曲线、主曲面、多维标度图和自组织映射等方法将多维变量表示为二维变量，依据此方法对数据进行简单分类，并了解各个特征属性之间的关系。

2) 科学计算可视化

科学计算可视化指的是利用计算机图形学和图像处理技术将工程测量数据、科学计算过程中产生的数据及计算结果转换为图形图像在屏幕上显示出来，并进行交互处理的理论、方法和技术。

科学计算数据可以划分为结构化数据、非结构化数据和混合型数据，科学计算数据还可以分为标量、矢量和张量数据。科学计算可视化技术主要有两个难点：一是分类，研究如何判断出可视化对象的类别；二是绘制，研究如何将可视化对象真实、高效地显示在屏幕上，使得用户可交互式查看。

科学计算数据的三维重建方法大致可分为面绘制和体绘制两类。面绘制方法首先在 3D 空间数据场中构造出中间几何图元，如平面、曲面等，然后再由计算机图形学技术实现绘制显示。其基本思想是提取感兴趣物体的表面信息，再用绘制算法根据光照、明暗模型进行阴影和渲染得到最后的显示图像。体绘制是一种直接由 3D 数据在屏幕上产生二维图像的技术。其研究的是如何表示、维护和绘制体数据集，从而提供洞察数据内部结构和理解物质复杂特性的机制。其最大优点是可以探索物体的内部结构，描述非定形的物体，如肌肉，而面绘制在这方面较弱。

3) 信息可视化

信息可视化就是利用计算机支撑的、交互的、对抽象数据的可视表示，来增强人们对这些抽象信息的认知。信息可视化是将非空间数据的信息对象的特征值抽取、转换、映射、高度抽象与整合，用图形、图像、动画等方式表示信息对象内容特征和语义的过程。信息

对象包括文本、图像、视频和语音等类型，它们的可视化是分别采用不同模型方法来实现的。

信息可视化是研究人、计算机表示的信息以及它们相互影响的技术。而人机交互是研究人、计算机以及它们相互影响的技术。信息可视化可以看作是从数据信息到可视化形式再到人的感知系统的可调节的映射。信息可视化可分为一维数据、二维数据、三维数据、多维数据、时态数据、层次数据和网络数据七类。

4) 知识可视化

知识可视化是在数据可视化、科学计算可视化、信息可视化基础上发展起来的新兴研究领域，应用视觉表征手段，促进群体知识的传播和创新。

知识可视化研究的是视觉表征在提高两个或两个以上的人之间的知识传播和创新中的作用。这样一来，知识可视化指的是所有可以用来建构和传达复杂知识的图解手段。除了传达事实信息之外，知识可视化的目标是传输见解、经验、态度、价值观、期望、观点、意见和预测等，并以这种方式帮助他人正确地重构、记忆和应用这些知识。知识可视化与信息可视化有着本质差别。信息可视化的目标在于从大量的抽象数据中发现一些新的见解，或者简单地使存储的数据更容易被访问；而知识可视化则是通过提供更丰富的表达他们所知道内容的方式，以提高人们之间的知识传播和创新。

3. 可视化的应用

可视化应用于自然科学、工程技术、金融、农业和商业等各种领域，其中医学、气象预报、油气勘探、地质学和地理学等是可视化的典型应用。可视化的重要性在于，通过提供对数据和知识的可视化建立用户与数据系统交互的良好沟通渠道，可以利用人类的专业知识和模式识别能力评估和提高挖掘出的结果模式的有效性，提供对挖掘结果的可视化显示，使用户对结果模式能够有深刻直观的理解。

1) 数据挖掘可视化

数据挖掘比较公认的描述性定义是由 U.M.Fayyad 等给出的，即数据挖掘是从数据集中识别出有效的、新颖的、潜在有用的以及最终可理解的模式的非平凡过程。

数据挖掘可视化的目的是使用户能够交互地浏览数据以及挖掘过程等。当要识别的不规则事物是一系列图形而不是数字表格时，人的识别速度是最快的。数据挖掘可视化分为三类。一是源数据可视化，源数据可视化用于表现源数据的分布情况和特性。二是数据挖掘过程可视化，可以使用户更形象地了解挖掘的流程。三是数据挖掘结果可视化。结果可视化是将挖掘出来的知识和结果用可视化的形式表现出来，比如柱状图等，这有助于更形

象地理解结果的含义。结果可视化应用比较多，毕竟大多数研究成果最关心的还是结果，所以结果可视化是一个很重要的部分。

可视化技术与数据挖掘技术的结合形成的可视化数据挖掘经历了若干阶段。一是初级图表可视化阶段，在此阶段只是利用图表、曲线(直方图、饼图等)显示数据的统计信息(总和、均值等)；二是信息查询可视化阶段，此阶段主要利用可视化的人机界面，用图形、图像显示查询结果，直观地表达复杂的查询，便于用户理解；三是可视数据挖掘阶段，此阶段可以用图形方式表示数据之间的内在联系及发展规律，并引导整个数据挖掘过程的进行。

2) 复杂网络可视化

人们通过对 Web 网络、社会关系网络、生物网络等的研究，发现网络的结构非常复杂，如果仅用数据表格或文字的形式来表示网络，理解起来非常困难，导致网络所包含的信息无从体现。将复杂网络方便、直观地表示出来的最好方法是将其进行可视化。复杂网络可视化研究涉及复杂系统、图论、统计学、数据挖掘、信息可视化以及人机交互等多个领域。其中受关注程度最多的一个问题是可视化算法，包括布点算法和可视化压缩算法。它的典型应用包括可视化信息检索、可视化通信网络拓扑、可视化基因网络或蛋白质网络和可视化交通网等。

3) 物流可视化

现代物流业是运用现代信息技术对其生产、经营和承运的物资在流通过程中所产生的文本、图像数据、声音、语音、视频等所有数字化信息进行采集、分类、传递、汇总、识别、跟踪、查询，在符合管理要求的基础上，实现对物资流动过程的控制，从而降低成本、提高效益的管理活动。物流可视化是可视化技术在物流领域的综合应用，它包含了物流信息的采集、传输、分类、汇总、图形化显示等一系列过程，以及完成这些过程所需的软硬件。实现物流可视化的目的就是帮助人们更好地理解物流信息的本质和更方便地利用信息。

4) 农业可视化

利用数据可视化实现植物在三维空间中的生长发育过程。利用三维建模与数据可视化技术，提供对新农村规划设计与新农村规划管理项目审批直观、可行的可视化辅助手段，为做出最终决策提供帮助。

5) 音乐可视化

音乐可视化是对音乐表达的一种非主观的解释和判断，是为理解、分析、比较音乐的表现力和内部结构提供的一种呈现技术。音乐可视化在对音乐的特征如波形、频率、音调、音高、节奏、速度、音色等进行提取之后映射出相应的可视化效果，这种可视化效果形式多样。

6.4.3　BIM 可视化应用

可视化管理是一种应用现代信息管理技术和手段的新型管理模式，通过对建筑施工过程中的物流、空间布局信息的搜集、整合，并将其渗透到决策、设计、采购、施工等各个环节，进而实现管理上的透明化与可视化，也正是基于这种优势性，建筑施工管理的可视化模式应用已成为必然趋势。而随着 BIM 技术与 GIS 技术优势性的凸显，将两者集成并全过程运用于建筑施工管理过程中，不仅能够通过 BIM 整合建筑施工中的各项相关数据，应用统一标准将建筑施工过程完成，信息集中管理，以实现科学决策、规划、施工和运营；而且还可利用 GIS 在采集、存储、管理、运算、显示及分析建筑空间地理分布和外部环境数据中的技术优势，为建筑施工场地空间布局、物料供应及最佳运输路线规划提供合理方案。

1. BIM-GIS 技术的应用优势

BIM 是建筑物模型的数字化表现形式，是一种以三维虚拟现实建模为基础，将建筑施工所涉及的设计、规划、建造、运营等各个环节中的相关信息进行集成所得到的工程数据模型，不仅包含三维集合形状信息，还涉及建筑构件的材质、价格、重量和进度等非几何信息，建筑项目的参与方正是依据此信息来进行决策和协调工作的。而 GIS 是在计算机软硬件系统的支撑下，以测绘为基础，集计算机图形和数据库于一体，用来采集、存储、编辑、查询、处理、分析、输出和运用空间数据的高新技术，借助于其特有的空间分析功能和可视化表达功能，将地理位置和相关属性数据有效融合在一起，结合建筑施工需求将这些数据准确真实、图文并茂地传递给管理者，完成各类辅助决策。

GIS 是实时在线存储、显示、分析、发布信息的平台，具有以下功能。

1)　数据存储、分析

以行政区域作为统计分析的粒度，统计全市范围内在各个行政区域的实时人流量，并通过 GIS 软件或平台进行浏览、分析等。

2)　数据展示

在电子地图上标识出指定的交通小区、城市大区、热点区域、行政区域等各种类型区域的准确范围，根据实际统计分析的结果，利用不同颜色形象、直观地进行展示。在电子地图上点击具体划分好的各种区域，会立即弹出此区域的详细统计分析结果等数据，还可拖曳移动、放大缩小电子地图。通过 GIS 方式，可将城市的人流现象、范围、强度等进行

直观、量化的展现。

　　3) 辅助应用

　　有了采集数据的分析手段，结合 GIS 电子地图平台和公共广告屏实时显示人流信息，通过短信、彩信系统实现人流信息的多渠道发布，在紧急事件发生时能及时通知公众和有关管理人员。

　　随着政府和企业对智慧城市的愿景越来越强烈，除了 BIM 和 GIS 以外，更多技术手段和应用将会被引入，城市也会越来越智慧和具有活力。

2．可视化模型构建

　　针对 BIM 与 GIS 技术在建筑施工管理中的具体应用优势，构建了一种新型的可视化模型，将 BIM 技术贯穿至建筑施工的全过程，支撑建设过程的决策、设计、采购、物流、施工、绩效评价、监控检查等各个阶段，实现全程信息化、智能化。在设计阶段，BIM 技术可建立三维建筑模型，并对建筑项目施工需求做出详细分析，确定建筑物料属性、形成供应商清单；在施工阶段，可以对整个施工过程进行模拟，检查施工方案是否合理，物料、塔吊摆放是否安全、方便等。而 GIS 则在动工建设阶段，可以对建筑项目的空间布局和外部环境数据进行整合和管理，进而确定物料供应及最佳运输路径，并可根据库存信息、物料使用状态进行动态调整，由此形成建筑施工的可视化模型，如图 6-10 所示。

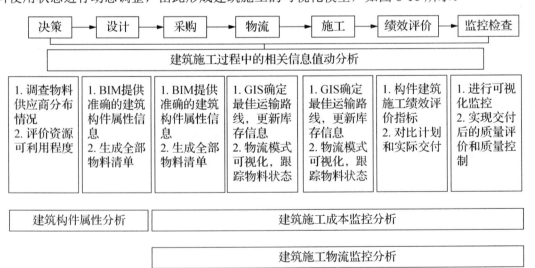

图 6-10　建筑施工可视化模型

本章小结

本章介绍了 BIM 信息集成与交换的方式；BIM 协同设计与可视化的应用。通过本章的学习，可以对 BIM 协同设计与可视化有一个基本的认识，为以后继续学习建筑相关知识打下基础。

 实训练习

一、单选题

1. 下列对 BIM 的理解不正确的是(　　)。

    A. BIM 是以三维数字技术为基础，且集成了建筑工程项目各种相关信息的工程数据模型，是对工程项目设施实体与功能特性的数字化表达

    B. BIM 是一个完善的信息模型，能够连接建筑项目生命期不同阶段的数据、过程和资源，是对工程对象的完整描述，提供可自动计算、查询、组合拆分的实时工程数据，可被建设项目各参与方普遍使用

    C. BIM 具有单一工程数据源，可解决分布式、异构工程数据之间的一致性和全局共享问题，支持建设项目生命期中动态的工程信息创建、管理和共享，是项目实施的共享数据平台

    D. BIM 技术是一种仅限于三维的，可以使各参与方在项目从概念产生到完全拆除的整个生命周期内都能够操作信息和在信息中操作模型

2. 下列选项中不是 BIM 信息标准开发的是(　　)。

    A. 设计阶段　　　B. 施工阶段　　　C. 部署阶段　　　D. 建造阶段

3. 下列关于对 BIM 协同说法不正确的是(　　)。

    A. 多种 BIM 专业软件虽能满足专业设计人员要求，但多种 BIM 专业软件之间的数据格式互相兼容，可以进行多专业 BIM 协同设计

    B. 借助于 BIM 的技术优势，协同的范畴也将从单纯的设计阶段扩展到建筑全生命周期，需要设计、施工、运营、维护等各方的集体参与

    C. 协同设计是指基于网络的一种设计沟通交流手段，以及设计流程的组织管理形式

    D. 协同是 BIM 的核心概念，同一构件元素，只需输入一次，各工种共享该构件

数据并于不同的专业角度操作该构件元素

4. 关于 BIM 信息集成说法不正确的是(　　)。

　　A. 信息集成技术是伴随着计算机技术的发展应运而生的，是把不同来源、格式、特点和性质的数据在逻辑上或物理上有机地集中

　　B. BIM + PM 信息集成可以为项目管理提供可视化管理手段，帮助项目管理人员合理制订施工计划、优化使用施工资源

　　C. 云计算是一种基于互联网的计算方式，以这种方式共享的软硬件和信息资源可以按需提供给计算机和其他终端使用，而根据云的形态和规模，BIM 与云计算集成应用经历初级、中级、高级和特高级发展阶段

　　D. 信息集成能为企业提供全面的信息共享，通常包含数据的集成、整合、融合、组合等

5. 下列不是虚拟现实技术特征的有(　　)。

　　A. 沉浸性　　　　B. 想象性　　　　C. 直接性　　　　D. 交互性

二、多选题

1. 下列选项属于 BIM 技术的特点的有(　　)。

　　A. 可视化　　　　　　B. 参数化　　　　　　C. 一体化
　　D. 仿真性　　　　　　E. 协调性

2. BIM 与虚拟现实技术集成应用，下列说法正确的是(　　)。

　　A. 主要内容包括虚拟场景构建、施工进度模拟、复杂局部施工方案模拟、施工成本模拟、多维模型信息联合模拟以及交互式场景漫游

　　B. 目的是应用 BIM 信息库，辅助虚拟现实技术更好地在建筑工程项目全生命周期中应用

　　C. BIM 与虚拟现实技术集成应用，通过模拟工程项目的建造过程，在实际施工过程中可以确定施工方案的可行性及合理性，减少或避免设计中存在的大多数错误

　　D. BIM 与虚拟现实技术集成应用，在施工之前，将施工过程在计算机上进行三维仿真演示，可以提前发现并避免在实际施工中可能遇到的各种问题

　　E. BIM 即虚拟现实

3. 下列选项属于可视化技术应用范围的有(　　)。

　　A. 可视化对于信息的处理和表达方式有其他方式无法取代的优势，其特点可总结

为可视性、交互性和多维性

B. 科学计算可视化中，科学计算数据的三维重建方法可分为点绘制和体绘制两类

C. 可视化技术包括数据可视化、科学计算可视化、信息可视化和知识可视化等

D. 信息可视化是将空间数据的信息对象的特征值抽取、转换、映射、高度抽象与整合，用图形、图像、动画等方式表示信息对象内容特征和语义的过程

E. 可视化可应用于各个领域

4. 关于 BIM 与 GIS，下列说法正确的有(　　)。

A. GIS 是一个实时在线存储、显示、分析、发布信息的平台

B. BIM 与 GIS 集成应用，是通过数据集成、系统集成或应用集成来实现的，只能在 BIM 应用中集成 GIS

C. 利用 GIS 在采集、存储、管理、运算、显示及分析建筑空间地理分布和外部环境数据中的技术优势，为建筑施工场地空间布局、物料供应及最佳运输路线规划提供合理方案

D. BIM 的思想是实现工程生命周期过程中各个阶段不同专业的信息交换与共享，但在信息交换、协同与可视化方面，仍缺乏统一的信息表达标准和通用的协同技术方案，常常造成同一项目不同专业之间的数据信息难以交换和共享

E. BIM 与 GIS 没有本质的区别，二者相辅相成

5. 项目全生命周期主要包括(　　)。

A. 规划和设计阶段　　　　　　　B. 设计阶段

C. 施工阶段　　　　　　　　　　D. 项目交付和试运行阶段

E. 项目运营和维护阶段

三、简答题

1. BIM 协同设计的概述。

2. BIM 信息集成的方法。

3. 虚拟现实技术的特点。

第 6 章 习题答案.pdf

BIM 技术概论

实训工作单

班级		姓名		日期	
教学项目		项目 BIM 的实施与应用			
任务	学习 BIM 协同设计与可视化	学习途径	本书中的相关知识，自行查找相关书籍		
学习目标		熟悉 BIM 协同设计与 BIM 可视化			
学习要点		BIM 协同设计、BIM 可视化			
学习记录					
评语			指导老师		

第7章 BIM 价值分析

🛒 【教学目标】

● 了解 BIM 价值。

● 熟悉 BIM 对业主、设计单位、施工企业的价值。

● 了解 BIM 在三方中的应用难度。

● 熟悉 BIM 的未来发展前景。

第7章 BIM 价值 BIM 价值分析.mp4 BIM 价值分析
分析.pptx   演示.mp4

🚶 【教学要求】

本章要点	掌握层次	相关知识点
BIM 价值介绍	了解 BIM 技术的价值	BIM 技术价值介绍
BIM 技术对业主、设计单位、施工企业的价值	1. 了解 BIM 对业主的价值 2. 了解 BIM 对设计单位的价值 3. 了解 BIM 对施工企业的价值	BIM 对三方的价值分析
BIM 在三方中的应用难度	1. 了解 BIM 在业主中的应用难度 2. 了解 BIM 在设计单位中的应用难度 3. 了解 BIM 在施工企业中的应用难度	BIM 在三方的应用难度分析
BIM 的未来	1. 了解 BIM 技术推广的驱动力 2. 了解 BIM 技术推广中存在的障碍 3. BIM 的未来前景	BIM 的未来发展前景

⚙️ 【案例导入】

在 BIM 运用的成功案例中，业主在其中莫不起着举足轻重的作用。以"中国尊"项目为例：该项目为超高层项目，建筑高度 492m，地上 101 层，如图 7-1 所示。

作为超高层存在三大风险：①建造安全技术与风险；②建造周期与成本风险，项目前期资金投入巨大，建造周期与财务成本有密切联系。据估算，工期每拖延一个月，财务成本将增加 5000 万元；③运营成本与风险，按照英国 DEGW 公布的数据，项目建设期费用

与维护费用之比为 1 : 4～1 : 3，中国尊项目建设期投资 240 亿元，运营维护成本大约在 720 亿～960 亿元，按 65 年建筑寿命计算，每天产生 300 万～400 万元的维护费用。

为最大限度地控制项目风险，提早交付使用，项目采用了"业主 EPC 项目管理模式"，即业主方团队作为 EPC 总包交钥匙核心管理团队。

业主项目管理团队确立 BIM 目标为：最低目标：极致的设计优化，努力实现施工零返工；在确保最低目标实现的前提下，探索 BIM 的其他应用价值；前期进行充分的 BIM 应用规划。

在合同中也明确规定了 BIM 内容，在项目实施前制定的《中国尊项目 BIM 实施导则》及《BIM 工作管理流程》中，业主方均被列在顶层管理中。

图 7-1　中国尊项目效果图

【问题导入】

结合上文分析 BIM 技术价值，以及对业主、设计单位、施工企业的价值分析其在三方应用中存在的难度，同时思考下 BIM 技术在目前行业状态下的未来发展前景。

7.1　BIM 价值介绍

BIM 的价值
体现.mp3

建立以 BIM 应用为载体的项目管理信息化，能够提升项目生产效率、

提高建筑质量、缩短工期、降低建造成本。其具体体现在以下几点。

1. 三维渲染，宣传展示

三维渲染动画，给人以真实感和直接的视觉冲击。创建好的 BIM 模型可以作为二次渲染开发的模型基础，大大提高了三维渲染效果的精度与效率，给业主更为直观的宣传介绍，提升中标概率。

2. 快速算量，精度提升

BIM 数据库的创建，通过建立 5D 关联数据库，可以准确快速计算工程量，提升施工预算的精度与效率。

3. 精确计划，减少浪费

BIM 的出现可以让相关管理条线快速准确地获得工程基础数据，为施工企业制订精确人才计划提供有效支撑，大大减少了资源、物流和仓储环节的浪费，为实现限额领料、消耗控制提供技术支撑。

4. 多算对比，有效管控

BIM 数据库可以实现任一时点上工程基础信息的快速获取，通过合同、计划与实际施工的消耗量、分项单价、分项合价等数据的多算对比，可以有效了解项目运营是盈是亏，消耗量有无超标，进货分包单价有无失控等问题，实现对项目成本风险的有效管控。

5. 虚拟施工，有效协同

三维可视化功能再加上时间维度，可以进行虚拟施工。通过 BIM 技术结合施工方案、施工模拟和现场视频监测，大大降低了建筑质量问题、安全问题，减少返工和整改。

6. 碰撞检查，减少返工

BIM 最直观的特点在于三维可视化，利用 BIM 的三维技术在前期可以进行碰撞检查，优化工程设计，减少在建筑施工阶段可能存在的错误损失和返工的可能性，且能优化净空，和管线排布方案。最后施工人员可以利用碰撞优化后的三维管线方案，进行施工交底、施工模拟，以此提高施工质量，以及与业主沟通的能力。

7. 冲突调用，决策支持

BIM 数据库中的数据具有可计量(computable)的特点，大量工程相关的信息可以为工程

提供数据后台的巨大支持。BIM 中的项目基础数据可以在各管理部门进行协同和共享，工程量信息可以根据时空维度、构件类型等进行汇总、拆分、对比分析等，保证工程基础数据及时、准确地提供，为决策者制订工程造价项目群管理、进度款管理等方面的决策提供依据。

7.2 BIM 对业主的价值

7.2.1 应用价值分析

BIM 服务对象.pdf

对于业主来说，对项目建设最关心的就是项目如何按时、保质完成，如何在有限的投资中获得更大收益。由于项目环境日趋复杂，不确定性因素逐步增加，项目参与方的数目也有所增加，而目前的项目管理方法虽然得到了较大进展，解决了不少项目难题，但在信息化管理方面始终存在差距，导致项目管理效果不能满足业主要求。随着 BIM 技术的日益成熟，在项目管理上将发挥越来越重要的作用，可为业主带来大幅度的增值空间。

BIM 对业主项目总成本的影响.mp3

业主方应用 BIM，通过工期影响整个项目的总投资，有效地减少财务成本，提前竣工进入回报期。其从 BIM 技术获益是施工获益的 10 倍以上，成为建设项目 BIM 应用的最大受益方。

BIM 对业主方的项目总成本具有以下影响。

1. 加快工期，大幅降低融资财务成本

业主方都非常重视项目开发周转速度，是项目成败和效益好坏的关键，BIM 技术在加快建设工期方面可以发挥大作用。

通过减少施工前的各专业冲突，使设计方案错误更少化，减少工期损失；减少方案变更，缩短工期；通过提升建设过程中协同效率来节约工期；通过 BIM 强大的数据能力、技术能力和协同能力，在资源计划、技术工作和协同管理等方面节约工期。

仅此一项，BIM 技术应用的投资回报率就非常高。例如，一个建筑面积为 60 万平方米的超高层商业综合体项目，投资超 100 亿元，按 1%贷款月息计算，延迟一天工期，仅财务成本就在 300 万元左右，BIM 技术的应用投入以 1800 万元计，仅需要节约 6 天的工期损失就能成功收回 BIM 的投入。

2. 提升建筑产品品质，提高产品售价

提升建筑产品品质可以提高产品售价，BIM 技术的应用在提升产品质量方面作用明显。

优化设计方案，提升整体项目质量；减少返工开洞，提升工程质量；通过机电排布方案优化提升层高净高，大幅提升产品质量；通过高质量的施工前技术方案模拟，完善施工图，进行可视化交底和方案预演，可大幅提升质量。

3. 形成模型，提升运维效率，大幅降低运维成本

建筑生命周期可达百年，运维总成本十分高昂，是建造成本的 10 倍。利用好竣工 BIM 模型的数据库，可大幅提升运维效率，降低物业运维成本。随着基于 BIM 的运维平台和应用的成熟，这方面的价值潜力更是巨大。

4. 有效控制造价和投资

基于 BIM 的造价管理，可精确计算工程量，快速准确提供投资数据，减少造价管理方面的漏洞。

通过 BIM 技术支撑(如深化设计、碰撞检查、施工方案模拟等)，减少返工和废弃工程、变更和签证，从降低更多的成本。

5. 提升项目协同能力

当前开发商项目管理难度越来越大，为确保项目管理不失控，协同能力的提升非常重要。由于 BIM 提供了最新、最准确、最完整的工程数据库，因此众多协作单位可基于统一的 BIM 平台进行协同工作，大大减少协同问题，提升协同效率，降低协同错误率。尤其是基于互联网的 BIM 平台更将 BIM 的协同价值提升了一个层级。

6. 积累项目数据

当前业主方项目数据积累还很少，结构化、数据粒度方面都存在问题，很难实现数据的再利用。一个项目完工后，数据难以为后续的项目提供价值。

基于 BIM 的业主方项目管理，可积累起企业级的项目数据库，为后续开发项目提供大量高价值数据，以加快成本预测、方案比选等新项目决策的效率。建立基于 BIM 的工程项目数字化档案馆，减少图纸数量，降低项目数据管理成本。

正因如此，很多业主开始重视对 BIM 技术的应用，将其列入项目设计和施工招标的必要条款。但是当前依然有很多业主对 BIM 技术存在不同看法，推进 BIM 技术应用仍需时日。

一是一些业主不重视利用新技术提升管理水平，工作重心还在于拿地、融资，延续粗放式的传统发展模式。

二是因为尝试了一些项目的 BIM 应用，但是因为选型不合理，实施方法不对路，导致效果不好，ROI(投资回报率)不高，失去了应用 BIM 的热情，这是非常可惜的。

7.2.2 应用难度分析

1. 业主方 BIM 应用误区

为什么投资回报率不高，大型项目实践表明，主要原因在于 BIM 实施策略不当。

1) 选用 BIM 解决方案不当

特别是针对设计阶段和施工阶段的 BIM 应用，没有选用各自专业的解决方案。在建造阶段，使用只能在设计阶段发挥作用的 BIM 软件建模。在招标阶段，工程量做不出来，最重要的钢筋模型建不起来，无法支持到招投标工作，致使业主很不满意。

2) 实施策略不当，导致成效有限

但有的业主聘请了 BIM 顾问，但 ROI(投资回报率)低，BIM 只是作秀。这个问题在于业主方偏向与设计 BIM 团队合作，其一般只擅长于设计阶段的 BIM 应用，对建造阶段的 BIM 应用不了解，无法为业主提供有价值的全过程 BIM 咨询服务。

BIM 技术应用分三大阶段：设计、建造、运维。BIM 顾问一般精通一个阶段。同时，相较于设计阶段，建造阶段具有最复杂、最多的 BIM 应用，也是参建单位最多的阶段，协同管理难度较大。业主应聘请一个擅长建造阶段，熟悉设计阶段、运维阶段的 BIM 总顾问，负责制定各参建方 BIM 应用的标准与要求，审核各参建方 BIM 模型数据的准确性、及时性，整合各方模型形成最终的 BIM 应用成果。

当前施工单位 BIM 基础都还较弱，没有建造阶段的 BIM 总顾问，无法统一协调、建立统一的数据标准，建模标准和应用标准无法实现真正的专业整合应用。

此外，施工分包与总包、总包与业主还存在利益不一致的情况。所以让施工承包单位主动实施 BIM 技术，并提交质量较高的 BIM 成果，是件勉为其难的事情。

2. 业主方 BIM 应用成功路径

业主主导，业主方 BIM 总顾问统筹的实施方法论，选择合适的 BIM 技术方案，聘请合适的 BIM 顾问，是业主方 BIM 成功应用的三大条件。

(1) 业主作为整个项目 BIM 应用的牵头人，聘请第三方专业的 BIM 总顾问来协调管控各参建方的 BIM 协同应用，建立统一的建模标准、数据标准、应用标准，确保关键应用的成功实施，获得合格的竣工模型，BIM 总顾问对最终成果负责。

(2) 相较于设计阶段，建造阶段 BIM 应用复杂度高、应用点多、参与方多、协调难度大，应聘请一个擅长于建造阶段、熟悉其他阶段 BIM 应用的 BIM 咨询单位来担任 BIM 总顾问。

(3) 明确 BIM 技术应用的目标，根据要达到的应用目标，合理规划 BIM 实施的整体方案。

(4) 全过程应用 BIM 技术，从设计—施工—运维各个阶段皆可获得非常好的价值。

(5) 通过基于互联网的 BIM 协同平台把项目各个参建方纳入到统一的协调管理体系中，大幅提升业主的协同管理效率。

(6) 从项目级(试点项目)到企业级，由点及面推广 BIM 技术应用。

【案例 7-1】目前很多业主方认为 BIM 技术对项目成本的影响仅停留在建安成本上，而一、二线城市工程项目建安成本在项目总成本中占比不到 20%，对项目总成本影响不大，自己最关注的还是土地和财务融资成本，这是由于对 BIM 技术不够了解所致。业主方应用 BIM，通过工期影响的是整个项目的总投资，有效地减少财务成本，提前竣工进入回报期。事实上业主方从 BIM 技术获益是施工获益的 10 倍以上。

结合上文，分析 BIM 对业主的价值。

7.3　BIM 对设计单位的价值

7.3.1　应用价值分析

BIM 对设计单位的价值.mp3

设计单位应用 BIM 技术的价值在于设计阶段在建设项目全生命周期中处于最重要的地位，设计成果的好坏直接关系到后续阶段的成败，设计单位对信息技术的应用可有效提高设计的效率和质量，降低设计成本。设计单位应用 BIM 技术的价值主要体现在以下几个方面：

1. 对方案设计和初步分析进行优化

方案设计和初步分析是设计阶段最重要的环节，设计人员根据设计任务书进行方案设

计，大型工程项目需要综合考虑建筑物的外观、功能、性能等多方面问题，经常会形成不同的设计方案，需要进行初步分析，对比优化之后形成最终的设计方案。BIM 技术在这一阶段主要的应用价值体现在两个方面：一方面，在设计初期直接利用 BIM 技术中的方案设计软件建立参数化信息模型，由设计人员直观地展示给设计委托单位，有利于设计意图的有效传达，委托方对于设计方案的修改意见，现场即可进行更改，不仅提高了方案设计的质量，而且缩短了设计周期。另一方面，设计人员可对已建的信息模型进行快速分析，得出日照、能耗、成本等设计指标，在传统的指标分析中则需要在不同的软件中分别建立不同的模型，然后进行相关分析。利用 BIM 技术建立的信息模型可作为一个共同的工作基础。

2. 支持详细设计、分析和模拟

方案设计完成后将进入详细设计阶段，在传统的设计过程中，详细设计的工作量是相当大的。在这一阶段利用 BIM 技术的相关软件便可快速生成信息模型，根据实际需要也可导出二维图纸。在进行设计成果的模拟和分析时，同一模型可在不同分析和模拟软件中无缝对接，进行能耗分析、日照分析、冲突检查、空间应急模拟等，进一步指导设计人员对设计成果进行优化，满足规范和委托方的具体要求。在传统的设计中，如果出现某个位置设计变更，需要人工对所有涉及此位置的相关构件进行逐个调整，利用 BIM 技术，这一工作将变得简单易行，因为信息模型支持自适应功能，即一处更改、处处自动更新，从而提高设计的效率和质量。

3. 有效支持设计评审

传统的设计评审包括：设计校核和审核、设计成果会签等环节，这些工作是基于二维图纸进行的，引入 BIM 技术之后，这些工作在同一信息模型中即可完成。利用可视化的真实效果，评审人员在对设计成果进行查看的同时即可进行评审，尤其是在会签之前进行不同专业间的冲突检查，与传统的冲突检查中需要不同专业人员人工查找不同，利用 BIM 技术可直接在软件中完成不同专业间的冲突检查，所节省的人力和物力是显而易见的。

BIM 具有强大的三维协同设计能力，可以有效提升设计质量，极大地减少差错漏碰，也可以提高设计变更的效率，增强勘察设计企业的核心竞争力。

7.3.2 应用难度分析

虽然 BIM 的应用有如此多的好处，但设计院却未能普及使用。其原因有以下几点。

(1) 设计时间不允许，近年来我国建筑行业的发展非常迅猛，开发节奏异常快，设计时间非常短，而目前情况是设计师一般应用 BIM 设计的时间要比传统的设计时间长，这和设计师使用 BIM 的熟练程度有关，同时原来二维设计不考虑的问题，在三维设计中都要解决，这也延长了设计的时间和周期。

(2) 设计取费标准与设计分配标准很难做到所有项目都用 BIM 来做。近年来物价不断上涨，但设计取费还是参照 2002 年的勘察设计收费标准收取的，并且随着市场竞争，这一取费标准还在不断打折。

(3) 设计院内部的分配方式也要调整，以机电设计的工作量来看，传统设计，一般机电工程师在相同的时间(相对建筑设计的时间)可以完成 2 到 3 个项目，现在如果用 BIM 设计一般只能完成 1 个项目，分配标准必然会受到影响。目前应用软件发展也不十分成熟，目前可称得上是 BIM 的软件尽管很多，但软件间信息的传递存在很多问题，同样也制约着 BIM 的发展。

【案例 7-2】"中国尊"整个塔楼呈中部明显收腰的造型处理，这种处理方式对塔楼的结构体系产生了重要影响，为了能够对结构体系和结构构件进行精确的建筑描述，特为"中国尊"量身定制了几何控制系统。几何控制系统控制了塔楼的整个结构体系造型需求，同时也对建筑幕墙及其他维护体系进行了精确描述。几何控制系统以最初的建筑造型原型抽离出典型控制截面，以这些截面为放样路径，将经过精确描述的几何空间弧线进行放样，由此产生基础控制面。以基础控制面为基准，分别控制产生巨柱、斜撑、腰桁架、组合楼面等结构构件，进而产生整个结构体系。以这种方式产生的结构体系，是在建筑师和结构工程师密切配合下进行的，充分满足了建筑的造型需求，同时也实现了结构安全所需要的全部条件，为"中国尊"的项目设计与建设提供了最重要的技术保障。

结合上文，分析 BIM 对设计单位的价值及意义。

7.4 BIM 对施工企业的价值

7.4.1 应用价值分析

BIM 的应用为施工企业的科技进步带来了不可估量的影响，大大提高了建筑工程的集成化程度，同时也为施工企业的发展带来巨大的效益，使规划、设计、施工乃至整个工程

的质量和效率获得了显著提高，加快了行业的发展步伐。因此，BIM 技术的应用和推广必将为施工企业科技创新和生产力的提高提供良好的手段。

1. BIM 技术对施工企业的应用价值

BIM 对施工企业的
价值.mp3

根据行业内调查研究发现，在建筑工程中，施工单位与其他企业单位相比，通过利用 BIM 技术可以带来更显著的价值，因此施工单位应用 BIM 技术的动力最大。

1) 提高项目中标率

利用 BIM 能更立体地展现技术方案及实力、更准确快捷地制定投标价，无疑可以提升企业的中标率。

2) 检查碰撞

施工单位利用基于 BIM 技术的碰撞检查软件，提前进行各专业设计的碰撞检查，在实际施工前发现问题，事先协调，从而大幅减少施工变更。

3) 虚拟施工，有效协同

三维可视化加上时间维度，进行虚拟施工。直观快速对比施工计划与实际进展，同时进行有效协同，降低建筑质量问题、安全问题，减少返工和整改。

4) 成本管理

(1) 多算对比，有效管控。

通过 BIM 数据库快速获取工程基础信息，多算对比，有效了解项目运营、消耗量、分包单价等情况，实现对项目成本风险的有效管控。

(2) 精确计划，减少浪费。

利用 BIM 可快速准确获得工程基础数据，制订精确的人才计划，大大减少资源、物流和仓储环节的浪费；实现限额领料、消耗控制。

(3) 数据调用，决策支持。

协同和共享 BIM 中的项目基础数据，根据时空维度、构件类型等进行汇总、拆分、对比分析，保证及时准确提供工程基础数据，为制订工程造价项目群管理、进度款管理等方面的决策提供依据。

(4) 快速算量，精度提升。

BIM 数据库的创建，可准确快速计算工程量，提升施工预算的精度与效率，有效提升施工管理效率。

5) 提升项目综合管控能力

施工企业在企业级层面应用 BIM 技术，可以实现对项目部的有效支撑、有效控制和降低管控风险，从而进一步提升项目的管控能力。

6) 现场布置优化管理

利用 BIM 技术应用可以形象直观地模拟各个阶段的现场情况，灵活地进行现场平面布置，实现现场平面布置合理化、高效化。

7) 工作面管理

BIM 技术可提高施工组织协调的有效性，集成工程资源、进度、成本等信息，实现合理的施工流水划分，并基于模型完成施工的分包管理。

8) 安全文明管理

利用 BIM 建立三维模型提前判断危险源，在其附近布置防护设施模型，提前排查安全死角；利用 BIM 及相应灾害分析模拟软件，提前模拟灾害发生过程，分析原因，制定相应措施，并编制人员疏散、救援的应急预案；基于 BIM 技术将智能芯片植入项目现场劳务人员安全帽中，对其进出场控制、工作面布置等进行动态查询和调整，有利于安全文明管理。

9) 解决项目技术难题

(1) 利用 BIM 技术进行虚拟装配。

在设计的 BIM 模型中进行构配件的虚拟装配，提早发现制造、运输、安装中的问题，并及时修改设计，避免因设计问题造成的工期滞后及材料浪费。

(2) 利用 BIM 技术进行现场技术交底。

基于 BIM 技术的施工管理软件，可将施工流程以三维模型及动画的方式直观立体地展现出来，有利于进行项目(尤其是对特殊节点)的技术交底，也便于对工人进行培训，使其在施工前充分了解施工内容和顺序。

(3) 利用 BIM 技术进行复杂构件的数字化加工。

运用 BIM 技术对复杂构件进行数字化加工，或将 BIM 技术与预制技术更好地结合在一起，可让建造过程更加准确、经济、安全。

2．BIM 在建筑施工工程中的应用优势

1) 深化设计应用

BIM 技术所创建的建筑信息模型并不是一个图形，它是一个包含着指定项目相关信息的完整数据库。该数据库中包含建设项目所有构建的大小尺寸、数量、位置关系等一系列信息，通过这些参数化信息所表达出来的项目建成后的效果，通过该模型能够看到二维图

纸不能表现的视觉角度和效果。在设计阶段创建的建筑信息模型上做施工图的优化设计，可以将数据库及视图进行双向联系，轻松得到平、立、剖面的图形，根据需求选择不同位置的剖面图，对于模型中的非图形数据也可通过明细表进行统计，提高施工效率。

2) 加强各专业的协同合作

建筑施工工程涉及多个专业，基础工程是多个部门协作完成的，在 BIM 技术中也是不同专业各自进行设计的，各专业设计的最终模型可通过相关应用软件整合成一个整体，实现协同设计，从根本上改变过去通过文字及图纸表达设计意图的工作方式。软件通过对模型中不同专业之间的冲突进行碰撞检查，并进行修改以达到规定要求，避免了因协同问题造成的对工程进度的影响。

3) 拥有强大的可视化虚拟功能

可视化是 BIM 最直观的特点，BIM 模型可视化的应用主要体现在两个方面：一是通过对施工进度的可视化模拟，及时发现进度计划中存在的问题，优化施工方案；二是通过可视化的建筑信息模型指导施工，尤其是对异形结构、预埋件等。

三维可视化的建筑信息模型加上时间维度，形成 4D 模型进行虚拟施工。在 4D 模型的虚拟环境中，可以准确地发现使用中可能存在的问题，从而优化施工方案计划，达到有效控制项目进度的目的。施工人员可以通过控制视图，全方位查看建筑内部构件的空间位置，不再局限于二维平、立、剖面图的表达，避免了施工错误造成的不必要的浪费。另外，可以快速并直观地了解施工方对项目的理解和施工方法的一系列措施，对施工单位作出更准确的评估。

7.4.2 应用难度分析

1. 施工企业 BIM 应用所面临困难

由于 BIM 技术在我国还处在发展探索阶段，在实际应用过程中还会存在很多问题。很多企业过分夸大 BIM 技术所带来的价值，过分神化 BIM 在施工阶段的作用，而导致很多业主对 BIM 的误解。当实际应用情况与期望值不一致时，业主会很失望。业主作为投资方，他们对于 BIM 的态度和认识在很大程度上决定了 BIM 技术在中国的发展速度和技术水平。

1) 施工方的配合程度

施工过程中，业主、总包、分包单位以及劳务分包之间传统的管理模式和工作方式一时难以改变，尤其是劳务分包单位、施工人员水平参差不齐，施工工艺及施工技术更多的是通过老师傅的传帮带，对于 BIM 技术甚至都没听过，存在一定的排斥性，导致有些部位不按 BIM 出图施工，造成返工和材料的浪费，使最终的完工效果与 BIM 不一致，在一定程度上影响了 BIM 技术的推进和实施效果。

2）缺乏统一实用的应用标准

由于 BIM 技术应用还处于探索阶段，很多 BIM 标准也是在理论研究和制定阶段，没有形成成熟的、有很强实用价值的且有法律依据的国家统一标准及行业标准。另外，应用 BIM 技术进行设计、出图、审核、交付等缺乏统一的标准和国家法律法规的支撑。

3）审核流程烦琐

目前，很多施工阶段的 BIM 图纸需要在设计院二维图纸的基础上进行建模再深化，对于深化过程中发现的很多设计不合理的问题，需要向设计院反馈，设计院修改确认之后再由业主确认，最后反馈给 BIM 深化团队进行深化。BIM 深化团队缺乏直接修改优化方案的授权。审核流程过于烦琐，很大程度上耽误了施工深化图的进度。主要原因在于设计施工阶段没有进行有效的衔接。

设计施工一体化的工作模式将极大地提高 BIM 技术的实施效率，从设计阶段就进行 BIM 设计，将施工问题在设计阶段就予以解决。BIM 专业服务团队设计施工运营维护一体化的企业资质和专业能力对于 BIM 技术的真正落地实施和实施效率的提高将起到极大的推动作用。

4）综合型技术人才缺乏

在施工阶段，大多数 BIM 服务人员一部分是从施工一线的工长转为 BIM 工程师，对现场的施工工艺技术有一定的理解，对施工图深化有一定的优势，但是对于设计的意图和原理缺乏一定的认识，可能会造成在建模及深化过程中与设计意图有偏差。

另外，一些 BIM 工程师不具有施工经验，但可以熟练操作各种 BIM 软件，也使深化完的图纸在实际施工中存在很多问题，不能被很好地落地实施。要想真正将 BIM 技术应用到施工阶段，不但要求 BIM 工程师有熟练的软件操作能力，而且要有丰富的设计经验，懂施工技术。但是目前这类综合型人才的缺乏在一定程度上影响了 BIM 在施工阶段的应用效果。

2．BIM 在项目层面具体应用中存在的困难点

(1) 项目经理自身对 BIM 的理解与能力问题。

(2) 没有经验和体系保障的 BIM 价值的相对不清晰性和不及时性，与实施中的项目所应具有的质量成本进度等刚性约束之间的矛盾。

(3) BIM 所代表的数字化思维方式与过程化导向管理模式，与当前施工项目管理结果

导向与粗放式管理模式之间的冲突。

(4) 将虚拟的建筑模型快速解构为现实的构件与生产工艺，这需要模块化与机械化的支撑，这些还需要一定时间。

【案例 7-3】马驹桥物流 B 公司东地块公租房项目，位于北京市通州区台湖镇水南村，工程总建筑面积 210902.96m²。工程共有 10 个单体工程，地下 1～2 层，地上均为 16 层，建筑高度 45m。住宅总建筑面积 150500m²，住房套数 3004 套，是目前北京市在建的最大采用预制构件装配式结构的绿色建筑项目，也是北京市首个"住宅产业化"超六成的工程项目。

该工程为公司承接的第一个 EPC 设计施工一体化总承包模式的住宅产业化项目，施工初期图纸不完善，施工标准不完善，缺乏施工经验，施工难度大，困难多。

为了有效应对项目的难点和挑战，本项目使用 BIM 技术解决住宅产业化的新问题。所用软件是 Revit 2014。在使用过程中，进行了施工方案模拟、可视化交底和施工进度管理。根据项目的实际需求，开发了场地布置插件，解决了 PC 构件堆放问题。通过开发构件质量跟踪系统，解决了构件的生产管理及质量管理问题。

结合上文，分析此案例中 BIM 对施工单位的作用及意义。

7.5　BIM 的未来

7.5.1　驱动力与推广障碍

1. BIM 技术推广的驱动力

在过去传统的项目管理模式中，虽然每个团队内部都有反馈环节、任务管理、设计协调和其他协作，但是团队之间信息模糊、缺乏数据集成，各阶段信息孤岛的壁垒成为建设项目全生命周期管理最大的瓶颈，项目各团队间的协同管理只能由业主承担；业主作为核心建设主体，缺乏信息技术的支持，无法处理整合项目全生命周期过程中产生的庞大信息，只能采取传统的碎片式管理模式，为此支付的管理成本和浪费的无效成本数额巨大。

从利益驱动的角度看，建设项目全生命周期管理的诉求之源在于业主，诉求的核心在于全生命周期信息的保存、传递与使用，从而带来综合收益的提升。打破信息孤岛的壁垒，实现信息的流动，是实现建设项目全生命周期管理的技术基础。BIM 技术的出现与应用，正好满足业主对于全生命

BIM 应用现状.pdf

周期管理的诉求。因此 BIM 技术推广的最主要驱动力是业主。

(1) 业主方主导推行 BIM 综合应用模式，最符合 BIM 全生命周期理念。

BIM 是面向全生命周期管理的信息技术，传统管理模式的改进面临两大问题：一是数据创建、计算、分析、管理和共享困难；二是协同困难。BIM 的出现，解决了这两大难题，同时提供实现精细化管理的方法。业主在项目全生命周期中将是 BIM 技术应用的最大受益者，获取的是 BIM 技术在全生命周期管理过程中全面应用的综合收益，主要体现在以下几个方面：建设周期缩短带来的综合管理成本的降低；产品品质的提升带来的收益增加；协同工作效率的提升带来无效成本的降低；提升运维率降低运维成本等。所以，由业主主导推行 BIM 综合应用模式，最符合 BIM 全生命周期理念。

(2) 业主方在 BIM 推动上有天然优势。

作为最大受益者和跨越完整项目全生命周期的管理者，业主方有持续的动力运用 BIM 技术进行项目的管理，既加强了对建设项目的控制力，同时又为建设项目各参与方提供了协同工作的平台。而如果由其他项目参与者主导 BIM 的综合应用，则存在天然的短板，创建的往往是单一的项目信息源；由于分工的制约，导致信息不对称，利益驱动不够，协同不力，无法关联各类项目信息，容易陷入多个无法控制的数据孤岛。即使是 EPC 模式的总包，也仍然无法覆盖项目前期可研和后期运营。而一旦出现信息孤岛，对于业主方来说，BIM 运用的价值和综合收益就会大幅降低，最终导致 BIM 的综合运用在项目中难以为继。总之，无论是设计方还是施工方，都无法取代业主方在 BIM 推动上的天然优势，无法使基于 BIM 的成果和服务在全生命周期的整个过程中，通过交互平台的反复传导、共享、使用和更新，持续提升价值，为项目积累综合收益。

(3) 驱动力来源与综合收益的提升，业主方是最大受益者。

BIM 技术的运用，使原本割裂的价值链产生了交互，以业主为核心的各类参与方由线性关系变为网络关系，并共同成为信息交互平台的组成部分。通过对组织内外部的数据进行深入、多维、实时的挖掘和分析，以满足共享的需求和决策层的需求，让数据真正产生价值，重构了建设项目价值链。这是一种生产组织模式和管理模式的革命，必然导致信息需求与反馈的改变。伴随这种改变和新工具的使用，各参与方以更高的效率和质量提供产品或服务，通过协作平台的信息交互，使其后续价值不断提升，产生溢价，最终为产品和服务的供应方带来更高收益。信息在全生命周期过程中交互和分享得越充分，带来的项目综合收益越大，则业主作为最大的受益者运用 BIM 的驱动力就会越强。这种建设项目价值链相对于传统的管理模式，不仅是工具的变更改变了产出的效率，更重要的是信息的交互

改变了产出的成果以及产出成果的方式，最终改变了各参与方提升项目收益的模式。

2. 基于 BIM 视角的建设行业的发展前景

(1) BIM 将成为建筑行业转型升级的基本信息技术手段和工具。

BIM 技术是实现建筑工程信息化重要的技术手段之一。BIM 技术将更加规范、全面地应用到建筑全生命周期中。

(2) BIM 技术与其他信息技术的集成应用。

BIM 技术结合 GIS 定位技术、云计算等新兴技术，将成为未来的发展方向。结合 GIS 定位技术，更立体直观地用于建筑物内各个角落的定位、检查及维修工作。利用云计算强大服务器的力量与筑捷 BIM 数据相结合，可进行城市的三维立体仿真操作，了解城市规划与建设情况。

(3) 项目集成交付模式 IPD(Integrated Project Delivery)。

项目集成交付模式也是 BIM 的发展趋势。BIM 是一个设计师、承包商和业主之间合作的过程。

从国家到企业都对这一新技术高度重视，BIM 的发展势不可当。相关技术人员要主动学习，做好充分准备，这样才不至于在 BIM 技术全面铺开时被市场淘汰。

3. BIM 技术推广存在的障碍

在现有条件下，即使是驱动力最强的业主方，也只能进行局部的探索与尝试。以几个标杆企业为例，SOHO 中国更多地将 BIM 应用于设计阶段难点的攻克和成本、工期的控制；万科则致力于通过 BIM 来规范化、标准化行业操作，推进其住宅产业化发展；万达更侧重于整合管理体系。探索 BIM 的初衷不同，应用的程度和侧重点也不同。没有业主的充分认可，BIM 的运用与推广就缺乏最根本的市场需求与动力，各方的投入将最终失去市场与回报。

目前，BIM 技术在我国施工企业推广应用过程中，要综合考虑企业自身特点，比如企业发展的阶段、企业的管理组织架构、企业的管理模式等，但随着科学技术的发展和企业管理的转型升级，基于 BIM 技术的项目管理模式终会替代传统项目管理体系。但就目前现状而言，实现 BIM 应用在施工企业中的推广还有比较长的路要走。

1) 来自业主的不利因素

业主是推动建筑行业进步的"马达"，是变革的主要驱动力量，也是建筑生产过程的总组织者、总集成者。BIM 是一个涉及建筑工程生命周期各个流程环节的完整实践过程，工程的设计、施工及管理等环节都对该技术具有相关性。在这个过程中，业主担当的角色是 BIM 应用的总组织者，是 BIM 实施的主推动力，最在乎的是投资回报率、工期的缩短以及成本的降低等因素。而 BIM 在我国未得到广泛应用之前，由于技术缺陷、业务不熟练及应用不完善等原因，会导致实施 BIM 技术的项目投资回报率低、工期的缩短以及成本的降低等目标与期望值的差距，使得业主犹豫不前，欠缺变革的魄力。

事实上，业主是应用 BIM 最大的受益方之一，受益程度明显高于其他(如承包商等)参与方。具体来说，业主的受益表现在产品方面是通过 BIM 可以确定恰当的成本、能源及环境目标，得到更可靠的设计产品；在组织方面是通过 BIM 的可视化效果，业主更多地参与设计过程，可提高对方案设计的把控能力；在过程方面是通过 BIM 可以在施工前对设施的外观和功能做出合理评价，有助于对设计变更的管理，加快工程建设的进度。业主只有意识到这一点，为 BIM "买单"，并要求设计单位和承包商采用 BIM 技术时，它才能得到深入应用并为项目的最终增值服务提供帮助。

2) BIM 在设计中的障碍

(1) 设计师设计思维及方法的转型障碍。

BIM 的应用，要求建筑设计师的设计思维从二维转型到三维，用 BIM 的建筑语言来描述建筑信息，但对建筑信息模型的片面观念、学习成本的增加、繁重的工作压力等因素都会导致设计师转型的源动力不足。也就是说，BIM 的应用对建筑设计人员的知识结构、能力构成及培养方式等提出了更高的要求和挑战，而仅仅要求设计师自觉地去更新知识体系、提高综合能力是不现实的。

(2) 设计企业短视现象严重的障碍。

面对 BIM 的应用趋势，虽然部分设计企业在积极尝试，但多数只是试探性的局部使用，甚至仅以应付突击检查为目的，并未得到真正的应用。BIM 设计带来的收益提升和成本降低在国内没有被良好地评估，设计企业短视现象严重，导致 BIM 很难在建筑市场普及推广。

作为产业上游的建筑设计企业面临着为适应 BIM 的设计方法而必须进行的多方面调整。例如，改变传承多年、十几年甚至更长时间的管理模式，制定并逐步施行适应 BIM 设计方法的企业管理机制；为设计人员提供学习时间及资金；购买 BIM 相关软件的资金投入等。但这些都会给设计企业带来成本的短时增加，以及软件应用带来的业务转换方面的风险，从而使得企业管理者虽然对 BIM 的优势及其发展趋势有所了解，但却将视野放在企业的中短期效益上，满足于固有的企业客户群。

事实上，建筑设计企业应用 BIM 的中长期效益是可以预见的。有学者对北美和欧洲应

用 BIM 的建设项目的统计分析表明，设计企业应用 BIM 的受益主要表现在三个方面：

一是产品方面，即完成工程项目而交付的成果，可以是最后成果(如竣工后的房屋建筑)，也可以是中间成果(如设计方案)，受益体现在设计生产环境的改善、设计效率和质量的提高，如通过对更多设计方案的比选提高设计的可靠性。二是组织方面，即为完成产品而参与到工程项目中的单位或个人，受益体现在 BIM 的可视化功能提高了业主和其他参与方对设计过程的参与程度，降低了后期设计变更的概率。三是过程方面，即组织为完成产品而经历的程序，受益体现在模型的自动化功能和冲突检查功能提高了设计分析、出图和检查的速度。产品、组织、过程涉及建筑业生产效率最关键的三个方面，也是信息技术对建设项目最有影响的三个方面。

(3) BIM 技术本身的缺陷障碍。

BIM 设计技术方面的缺陷也是阻碍 BIM 在工程设计行业中应用的障碍之一。一是一些现行的 BIM 软件过于精确，使建筑师的设计受限，在一定程度上束缚了其创造力。二是一些 BIM 软件的适用性与导入性较差，软件亲和力不够，导致初学者上手困难，甚至使用不畅。三是一些 BIM 软件与传统的二维施工图面整合不良，加大了设计师们的工作量，使得BIM 应用的路径受阻等。

3) 施工企业 BIM 技术应用中的障碍

(1) 设计与施工方割裂。

BIM 技术的本质是建筑生命周期的信息传递，然而在实际工程中，出于酬劳分配和便捷的考虑，设计方对 BIM 技术参与度不高，通常只出二维图纸。从业主、设计到施工，对模型的信息共享度过低，施工方并未从设计方得到 BIM 模型，而是用传统资料自己建立模型。三维建模过程耗时耗力，对于施工单位新成立的 BIM 小组或 BIM 中心来说需要更多时间熟悉软件。即使是工程变更也需经过设计师二维图纸修改签字后，再进行 BIM 三维联动修改，在设计方和施工方的沟通环节上不能真正提高协作效率，造成 BIM 信息孤岛。

(2) 人力资源短缺。

目前缺乏既懂 BIM 技术又有施工管理经验的复合型人才，企业 BIM 团队整体素质有待提高。BIM 技术在中国兴起时间不过几年，鲜有学校开设相关 BIM 技术教育课程，能直接运用 BIM 技术进行三维建模等的人才不多。施工企业的通常做法是成立 BIM 中心，再从各个部门或子公司抽调人员进行 BIM 技术三维建模培训。然而经验丰富的老员工习惯用传统方式工作，并不愿意花费时间精力学习新技术。进行 BIM 技术培训的基本是刚工作不久的年轻工程师，但由于缺乏足够的施工管理经验，并不具备出施工方案的能力。

(3) 对项目部吸引力不足。

BIM 技术贯穿建筑建设全生命周期，但由于 BIM 技术应用模式不尽成熟，挖掘出来的应用点不多，吸引力不足，还不能主动采用 BIM 技术。

首先，由于建模和实际施工脱节，BIM 应用工作与工程任务没有有机结合在一起，项目部仍沿用传统方法施工。其次，企业耗费大量精力做出的 BIM 技术模型，最终能让项目部直观看到眼前效益的仅仅是机电管道的碰撞检查综合设计，以及复杂节点三维可视化安装模拟，这两个 BIM 技术里最基本的应用。其他如材料管理、成本管理、运维管理等方面的应用由于缺乏简单高效的操作软件，没有针对不同的建筑类型和项目特点开发多样的 BIM 应用点，对于项目部而言吸引力不大。加之缺乏系统的 BIM 技术应用效益评价，导致对 BIM 技术的应用仍持观望态度，企业在推行 BIM 技术时不能获得预期效果。

(4) 企业收益回报风险。

BIM 技术的推广在初始期内投资大，硬件设备成本远超 2000 年我国第一次工程行业改革。有些项目即使承包给相关 BIM 技术咨询公司进行三维建模，费用亦不低。同时，BIM 技术的应用推广是个长期过程，需要较长的投资回收期，投资收益率可能较低，不易量化，甚至也无明确保障。因此，BIM 技术的短期应用价值不高，导致施工企业高层管理者缺乏持续投入下去的信心和动力。

(5) 缺少积极推广 BIM 技术应用的环境。

我国住建部出台了《关于征求关于推进 BIM 技术在建筑领域应用的指导意见 (征求意见稿)的函》等要求加快 BIM 技术推广的政策，各地政府也陆续出台了 BIM 技术应用的相关标准，但与上海、北京、广州等发达地区相比，其他地市尚未出台用于指导本地 BIM 技术应用的地方性政策。就政策方面来说，各地市的 BIM 技术推广缺乏本地政府的支持。此外，由于 BIM 技术的宣传力度不够，业主对 BIM 技术缺乏系统了解，对 BIM 技术给业主带来的经济效益没有全面的认识。大部分工程都是施工单位自己主动使用 BIM 技术，而不是业主自上而下驱动 BIM 技术的应用。

7.5.2 精益建设与提高就业技能

建筑信息模型为空间设计的方法提供了强有力的技术支持，它使内外兼容的空间设计变得简单易行，让设计回归建筑本质——空间。作为建筑行业的革命性技术，BIM 的优势和重要性正在被越来越多的业内人士所认同。

BIM 技术在加快进度、节约成本、保证质量等方面均可以发挥巨大价值。BIM 是对工程项目设施实体与功能特性的数字化表达，信息完善的 BIM 模型可以连接工程项目不同阶段的数据、过程和资源，可供参建各方共同使用。因此，BIM 技术的应用与推广必将为施工行业的科技创新与生产力提高带来巨大价值。

BIM 的应用可以提高工程项目管理水平与生产效率，项目管理在沟通、协作、预控等方面都可以得到加强，方便参建各方人员基于统一的 BIM 模型进行沟通协调与协同工作；利用 BIM 技术可以提升工程质量，保证执行过程中造价的快速确定、控制设计变更、减少返工、降低成本，并能大大降低招标与合同执行的风险。同时，BIM 技术应用可以为信息管理系统提供及时、有效、真实的数据支撑。BIM 模型提供了贯穿项目始终的数据库，实现了工程项目全生命周期数据的集成与整合，有效支撑了管理信息系统的运行与分析，实现了项目与企业管理信息化的有效结合。

可以说，BIM 技术引领着施工行业信息化建设走向了更高水平，BIM 技术的全面应用将大大提升工程项目的质量与效率，促进项目的精益管理，加快行业的发展步伐，对施工行业的科技进步产生不可估量的影响。所以，BIM 技术必将是影响建筑产业转型升级的重要因素。

 本章小结

本章介绍了 BIM 技术的应用在业主、设计单位、施工企业的应用价值以及在三方中存在的应用难度问题；同时也对 BIM 技术在中国行业状态中的发展前景有了一定的认识。

 实训练习

一、单选题

1. 下列说法正确的是(　　)。

   A. 业主主导模式下，初始成本较低，协调难度一般，应用扩展性一般，运营支持程度低，对业主要求较低

   B. 业主主导模式下，初始成本较高，协调难度大，应用扩展性最丰富，运营支持程度高，对业主要求高

C. 业主主导模式下，初始成本较高，协调难度一般，应用扩展性最丰富，运营支持程度一般，对业主要求高

D. 业主主导模式下，初始成本较高，协调难度小，应用扩展性一般，运营支持程度高，对业主要求高

2. 下列 BIM 应用技术路线中，实施起来可能性最小的是(　　)。

A. 施工企业利用相关软件建立自己的模型，从而完成工程算量等；然后，设计单位利用相关软件建立自己的模型，来完成深化设计、施工模拟等

B. 施工企业利用相关软件建立自己的模型，从而完成工程算量等；然后，设计单位利用施工企业的模型，来完成深化设计、施工模拟等

C. 设计单位利用相关软件建立自己的模型，从而完成深化设计、施工模拟等，然后，施工企业利用设计单位的模型，来完成工程算量等

D. 施工企业利用相关软件建立自己的模型，从而完成工程算量等；然后，设计单位利用相关软件对施工企业的模型进行深化，从而完成深化设计、施工模拟等

3. BIM 碰撞检查软件继承了各个专业的模型，比单一专业的设计软件需要支持的模型更多，对模型的(　　)要求更高。

A. 精度　　　　　B. 文件大小　　　C. 完整程度　　　　D. 显示效率及功能

4. 施工进度将空间信息与(　　)整合在一个可视的 4D 模型中，直观、精确地反映整个施工过程。

A. 设计信息　　　B. 位置信息　　　C. 模型信息　　　　D. 时间信息

5. 在场地分析中，通过 BIM 结合(　　)进行场地分析模拟，得出较好的分析数据，能够为后期设计提供最理想的场地规划、交通流线组织关系、建筑布局等关键决策。

A. 物联网　　　　B. GIS　　　　　C. 互联网　　　　　D. AR

二、多选题

1. 下列关于碰撞检查软件的说法中正确的是(　　)。

A. "硬碰撞"指的是模型中实体之间的碰撞

B. "硬碰撞"指的是模型是否符合施工要求

C. 广联达 BIM 审图软件支持硬碰撞和软碰撞检测

D. 目前，软碰撞和硬碰撞发展都比较成熟

E. 碰撞检测软件 Solibri 在软碰撞检测方面功能非常丰富

2. 在业主自主管理的模式下，在设计阶段，建设单位采用 BIM 技术进行建设项目设计

的展示和分析，主要体现在(   )。

    A. 将 BIM 模型作为与设计方沟通的平台，控制设计进度

    B. 对专项施工方案进行模拟

    C. 对施工图进行深化设计，对 BIM 实施全过程进行规划

    D. 对施工员的管控

    E. 进行设计错误的检测，在施工开始之前解决所有设计问题，确保设计的可实施性，减少返工

3. 在施工自主管理的模式下，承建商采用 BIM 技术的主要目的是(   )。

    A. 辅助投标   B. 辅助施工管理   C. 辅助招标管理

    D. 辅助运维管理   E. 辅助三维设计

4. 4D 进度管理软件中应包含(   )。

    A. 成本信息   B. 时间信息   C. 几何信息

    D. 运维信息   E. 力学信息

5. 关于当前 BIM 市场的现状，下列表达中正确的是(   )。

    A. 基于工程项目的具体要求，大量具有创新性的 BIM 软件、BIM 产品以及 BIM 应用平台已经被推广应用

    B. BIM 技术应用覆盖面较窄，且在建筑工程项目的应用上没有达到推广和普及层面

    C. 缺少专业的 BIM 工程师，BIM 技术培训尚未达到较高水平

    D. 涉及项目的实战较少，缺少项目全生命周期运用 BIM 技术的案例及经验

    E. BIM 技术已经成熟应用于各种建设工程项目，包括民用建筑、工业建筑、公共建筑等

三、简答题

1. 简述 BIM 价值。

2. 简述 BIM 技术对业主、设计单位、施工企业三方价值。

3. 简述 BIM 技术推广中存在的障碍。

第 7 章 习题答案.pdf

实训工作单

班级			姓名			日期	
教学项目			项目 BIM 的实施与应用				
任务	了解 BIM 对各方的价值及对未来的把握		学习途径	本书中的相关知识，自行查找相关书籍			
学习目标			熟悉 BIM 的价值所在				
学习要点							

学习查阅记录

评语				指导老师	

参 考 文 献

[1] BIM 工程技术人员专业技能培训用书编委会. BIM 技术概论[M]. 2 版. 北京：中国建筑工业出版社，2016.

[2] BIM 工程技术人员专业技能培训用书编委会. BIM 建模应用技术[M]. 2 版. 北京：中国建筑工业出版社，2016.

[3] BIM 工程技术人员专业技能培训用书编委会. BIM 应用与项目管理[M]. 2 版. 北京：中国建筑工业出版社，2016.

[4] 陈花军. BIM 在我国建筑行业的应用现状及发展对策研究[J]. 黑龙江科技信息，2013(23)：278-279.

[5] 祝连波，田云峰. 我国建筑业 BIM 研究文献综述[J]. 建筑设计管理，2014(02)：33-37.

[6] 庞红，向往. BIM 在中国建筑设计的发展现状[J]. 建筑与文化，2015(01)：158-159.

[7] 柳建华. BIM 在国内应用的现状和未来发展趋势[J]. 安徽建筑，2014(06)：15-16.

[8] 龚彦兮. 浅析 BIM 在我国的应用现状及发展阻碍[J]. 中国市场，2013(46)：104-105.

[9] 何清华，钱丽丽，段运峰等. BIM 在国内外应用的现状及障碍研究[J]. 工程管理学报，2012，26(01)：12-16.

[10] 赵源煜. 中国建筑业 BIM 发展的阻碍因素及对策方案研究[D]. 北京：清华大学，2012.

[11] 杨德磊. 国外 BIM 应用现状综述[J]. 土木建筑工程信息技术，2013，05(06)：89-94＋100.

[12] 何关培. BIM 总论[M]. 北京：中国建筑工业出版社，2011.

[13] 何关培，李刚. 那个叫 BIM 的东西究竟是什么[M]. 北京：中国建筑工业出版社，2011.

[14] 孔嵩. 建筑信息模型 BIM 研究[J]. 建筑电气，2013(04)：27-31.

[15] 刘占省，赵明，徐瑞龙. BIM 技术建筑设计、项目施工及管理中的应用[J]. 建筑技术开发，2013，40(03)：65-71.